Marco Mencke

ZEIT-MANAGEMENT –
EFFEKTIVE METHODEN FÜR DIE PRAXIS

Ausgeschieden

Verlagsredaktion: Erich Schmidt-Dransfeld
Technische Umsetzung: Holger Stoldt, Düsseldorf
Umschlag: vitaledesign, Berlin
Titelfoto: © drubig-photo / Fotolia.com

> Informationen über Cornelsen Fachbücher und Zusatzangebote:
> **www.cornelsen.de/berufskompetenz**

1. Auflage
© 2012 Cornelsen Verlag, Berlin

Das Werk und seine Teile sind urheberrechtlich geschützt.
Jede Nutzung in anderen als den gesetzlich zugelassenen Fällen
bedarf der vorherigen schriftlichen Einwilligung des Verlages.
Hinweis zu den §§ 46, 52 a UrhG: Weder das Werk noch seine Teile
dürfen ohne eine solche Einwilligung eingescannt und in ein Netz-
werk eingestellt oder sonst öffentlich zugänglich gemacht werden.
Dies gilt auch für Intranets von Schulen und sonstigen
Bildungseinrichtungen.

Druck: Beltz Bad Langensalza GmbH

ISBN 978-3-589-24243-6

 Inhalt gedruckt auf säurefreiem Papier aus nachhaltiger Forstwirtschaft.

Inhalt

Über den Autor 6

Zum Thema und zu diesem Buch 7

1 Mehr Zeit durch Zeitmanagement? 11
1.1 Zeitmanagement in fünf Generationen 12
1.2 Situationsanalyse 13
1.3 Sie haben alle Zeit der Welt 14

2 Zeitmanagement = Prioritätenmanagement = Selbstmanagement 20
2.1 Pareto-Prinzip 21
2.2 ABC-Analyse 26
    Arbeitspraxis: Der zweite Papierkorb 28
2.3 Prioritäten im Laufe des Arbeitstages 31
2.4 Alles zu seiner Zeit – die tägliche Leistungskurve . . 33
2.5 E-Mail-Bearbeitung 37
    Arbeitspraxis: E-Mail-Bearbeitung 40

3 Die Methode der „weisen ALTEN" in den „ALPEN" 42
3.1 A = Aufgabenliste schreiben 43
    Notizbuch 44
    Arbeitspraxis: Schriftlich Arbeiten 45
    Arbeitspraxis: Priorisieren mit W-Fragen 46
3.2 L = Länge der Aufgabenbearbeitung abschätzen . . 47
    Ermüdungskurve bei hochkonzentriertem Arbeiten . . . 50
    Arbeitspraxis: Im Stundentakt planen 51
    Pausen bewusst einhalten 52

3.3 T oder P = das Tagesgeschäft und Pufferzeiten berücksichtigen. 53
    Der Sägeblatt-Effekt bei Störungen und Unterbrechungen 56
    Arbeitspraxis: Farbige Blätter bei Störungen. 59
3.4 E = Entscheidungen über die Bearbeitung treffen . . 61
    A-Aufgaben konzentriert bearbeiten 62
    B-Aufgaben im Kalender planen 62
    Arbeitspraxis: Kalenderplanung 66
    C-Aufgaben minimieren 69
    Arbeitspraxis: Arbeitsblöcke für E-Mails, Telefonate und Kleinkram planen 70
    C-Aufgaben delegieren 70
    Arbeitspraxis: Fragen stellen, um Aufgaben zu klären . . 73
3.5 N = Nachkontrolle 76
    Arbeitspraxis: Feierabend vorbereiten 77
    Arbeitspraxis: Reflektieren und abschalten 79
    Checkliste: Fertig für die ALPEN 80

4 Die „Aufschieberitis" 81
    Arbeitspraxis: „Medizin" bei Aufschieberitis. 82

5 Zeitfresser und Zeitdiebe 84
5.1 Analyse und Lösungsideen. 84
    Arbeitspraxis: Rationelles Telefonieren 87
    Die 3-geteilte Telefonnotiz 87
5.2 Zehn Möglichkeiten „nein" zu sagen 88
    Arbeitspraxis: Das „Nein"-Sagen trainieren 90

6 Vorsätze, Wünsche und erreichbare Ziele. . . 91
6.1 Smarte Ziele formulieren. 92
6.2 „Salami-Taktik" bei großen Zielen anwenden 96
    Ein Bahnfahrplan und Ihre Ziele. 97
6.3 Die 3-Schritte-Regel 98
6.4 Zielkonfliktmatrix 99

7 Work-Life-Balance – neben der Arbeit auch das Leben (ein)planen 102
    Work-Life-Balance-Praxis: Lieber „Clark Kent" als „Supermann" sein – oder: weniger kann mehr sein 103
    Wollen Sie wirklich mehr Zeit für sich? 105

8 Transfer in den Alltag. 107
    (Statt) Nachwort 108

Stichwortverzeichnis 109

Über den Autor

Marco Mencke studierte an der Heinrich-Heine-Universität in Düsseldorf Pädagogik, Psychologie und Soziologie mit dem Abschluss „Diplom-Pädagoge".
Seit 1997 ist er als Trainer und Berater für Zeitmanagement, Problemlösungs- und Innovationstechniken in unterschiedlichen Branchen erfolgreich tätig.
Außerdem hat er neben seiner Tätigkeit als Leiter eines Profit-Centers in einem international tätigen Bildungs- und Beratungsunternehmen erfolgreich an dem berufsbegleitenden Masterstudiengang „Personalentwicklung in lernenden Organisationen" an der Fernuniversität Kaiserslautern teilgenommen. Durch seine Erfahrung als Fach- und Führungskraft sind seine Veröffentlichungen sehr praxisnah und sofort im Tagesgeschäft umsetzbar.

Zum Thema und zu diesem Buch

Zum Thema Zeitmanagement gibt es eine große Anzahl von Büchern. Darunter befinden sich einige Klassiker, die den Grundstein für die heute gültigen Ansätze gelegt haben. Mit diesen will und kann der vorliegende Trainingskurs nicht in Wettbewerb treten. Dieses „Training kompakt" spricht Sie an, wenn Sie gezielt Ihr Zeitmanagement verbessern möchten, aber eines gerade nicht haben: nämlich Zeit, um lange Ausführungen zu lesen. Viele Teilnehmer/-innen in meinen Seminaren hatten vorher schon einschlägige Bücher gelesen und davon auch gut profitiert. Aber es fehlte ihnen oft der Praxisanteil. Die Inhalte und Methoden waren zwar meist gut verständlich dargestellt, aber die Umsetzung in die tägliche Praxis nicht konkret genug beschrieben. Ferner empfanden viele meiner Seminarteilnehmer den Anteil der nicht relevanten Hintergrundinformationen oft als zu groß.

Deshalb ist dieses „Training kompakt" genau das, was der Titel verspricht: erstens ein handfestes Training und zweitens kompakt. Der Band konzentriert sich auf wesentliche Arbeitstechniken und vermittelt schnell umsetzbare Tipps. Diese Arbeitstechniken sind im Prinzip einfach, aber wirkungsvoll und sie werden so vermittelt, dass man sie konsequent in den Berufsalltag integrieren kann. Richtig erlernt, geübt und angewendet, sind sie nachhaltig wirksam.

Die vorgestellten Methoden und Prozesse sind ein Ergebnis meiner Beschäftigung mit diesem Thema als freiberuflicher Personalentwickler und Dozent. Alles wurde von mir selbst während meiner festangestellten beruflichen Tätigkeiten in den letzten fünfzehn Jahren getestet und weiterentwickelt. Als Sachbearbeiter, Teamleiter, Projektleiter und Niederlassungsleiter habe ich persönlich, und teilweise auch die von mir geführten Teams, die hier vorgestellten Inhalte und Techniken erfolgreich umgesetzt.

Natürlich beruht dieses Buch nicht nur auf der bloßen Erprobung, sondern ihm liegen seriöse Studien und die in der Fachliteratur publizierten, anerkannten Ansätze zum Thema „Zeit" zugrunde.

Es bietet Antworten auf die häufig gestellten Fragen:
- → Warum habe ich zu wenig Zeit?
- → Wie kann ich nach Prioritäten arbeiten?
- → Worauf muss bei der Planung der Arbeitstage geachtet werden?
- → Was ist bei der Kalenderführung zu beachten?
- → Wie kann ich meine gesetzten Ziele erreichen?
- → Wir bringe ich Privatleben und Arbeitszeit unter einen Hut?

Es gibt in dem Buch keine langatmige Theorie und es besteht nicht der Anspruch, alle bisher bekannten Methoden vorstellen zu wollen. Auch bleibt ausgespart, was man besser mit Übungen im Seminar erlernen kann: zum einen die Handhabung elektronischer Hilfsmittel und Programme (wie z.B. Microsoft Outlook, Lotus), zum anderen die Moderation von Besprechungen, Techniken zur Stressbewältigung oder Entspannungstechniken.

Das „Training kompakt" kann ein Seminar begleiten oder individuell durchgearbeitet werden. In beiden Fällen ist angestrebt, dass Sie das Buch je nach Ihrem Vorwissen und Ihren Bedürfnissen differenziert nutzen können. Zeitmanagement kann zum einen nur so vermittelt werden, dass Sie immer wieder Ihr Verhalten reflektieren und Ziele formulieren und Ihr weiteres Vorgehen darauf ausrichten. Zum anderen werden Sie unterschiedliche Vorkenntnisse mitbringen. Dazu gibt es im Grunde genommen drei Nutzungsszenarien:

1. Sie sind Anfänger zum Thema und möchten Ihr bisheriges Zeitmanagement grundlegend durchdenken und ändern. Dann brauchen Sie den kompletten Durchgang und es ist wichtig, die empfohlenen Aufgabenstellungen zu bearbeiten.
2. Sie haben sich schon mit dem Thema Zeitmanagement befasst, einiges dazu gelesen, ein Seminar besucht. Nun möchten Sie Ihre Arbeitstechnik verbessern und ihr Zeitmanagement in der Praxis nachhaltig verankern. Wählen Sie die Kapitel aus, die Sie konkret für Ihre Anforderungen benötigen. Sie sind einzeln nutzbar.
3. Sie sind schon Selbstmanagementprofi und wollen am Ball bleiben. Oder Sie suchen weitere und neue Impulse. Dann gehen Sie von den Tipps in diesem Buch aus. Wo Sie Neues entdecken, arbeiten Sie das Umfeld dazu durch.

Natürlich können Sie mit diesem Buch auch einfach nur ins Thema „hineinschnuppern" – ganz intuitiv. Lesen Sie einfach die Inhalte kurz an, machen Sie für sich interessante Aufgaben oder lassen Sie sich von den Überschriften auf für Sie nützliche Inhalte und hilfreiche Tipps lenken.
Egal wie Sie vorgehen: Auf jeden Fall sollten Sie sich einen Bleistift, einen Block und kleine Haftzettel („Post-its") bereitlegen. Dann können Sie aktiv in und mit diesem Buch arbeiten.

Los geht's mit der Aufgabe, sich zum Thema zu „bekennen" und sein Zeitmanagement anpacken zu wollen.

→ Aufgabe: Ja, ich will!

Bitte nehmen Sie sich für den Anfang zehn Minuten Zeit und machen Sie sich Gedanken zu folgenden Aussagen (direkt eintragen oder ein extra Blatt nutzen).

Ja, ich will folgende wichtige Fragen zum Thema „Zeitmanagement" beantwortet haben:

_____
_____
_____

Ja, ich will mehr Zeit in meinem Leben nutzen für:

_____
_____
_____

Ja, ich will nach dem Durcharbeiten des Buches sagen können: „Das Bearbeiten hat sich gelohnt weil, ..."

_____
_____
_____

Ja, ich will durch das Bearbeiten/Training folgende Ziele erreichen:

_____
_____
_____

Wenn Sie die Ideen zu den oben stehenden Fragen auch auf einem Blatt notieren, können Sie dieses während der Bearbeitung des Buches als Lesezeichen nutzen.

Hinweis zur Lern- und Arbeitsmethode

Bitte bedenken Sie: Wenn einmal Gelerntes nicht umgesetzt und angewendet wird, dann vergessen wir in:

- 48 Stunden   50 %
- 1 Woche   80 %
- 1 Monat   98 %

Deshalb bitte ich Sie, die Aufgaben in den einzelnen Kapiteln auch bei großem Zeitdruck wenigstens gedanklich kurz zu beantworten und die Inhalte so in Ihrem Gedächtnis zu verankern.

Außerdem sollten Sie Ihre Erkenntnisse direkt am nächsten Tag in der Praxis erproben.

> „Wenn man mir eine Stunde Zeit geben würde,
> ein Problem zu lösen, von dem mein Leben abhängt,
> dann würde ich 40 Minuten verwenden, es zu studieren, 15 Minuten,
> um Lösungs-Möglichkeiten zu prüfen, und 5 Minuten, es zu lösen."
> Albert Einstein

1 Mehr Zeit durch Zeitmanagement?

Lernziele
- → Sie kennen den Hintergrund ganzheitlichen Zeitmanagements und die fünf Zeitmanagement-Generationen.
- → Sie reflektieren Ihre bisherige Zeitnutzung.
- → Sie analysieren Ihr jetziges Arbeitsverhalten.
- → Sie erkennen Verbesserungspotenziale.

Oftmals werden Zeitspartechniken und Zeitmanagement in einem Atemzug genannt. Wo genau liegen aber die Unterschiede?

Unter Zeitspartechniken werden einzelne Methoden und Verhaltensweisen verstanden, mit denen Sie bei täglichen Arbeiten Zeit einsparen können, z.B. Schnell-Lesetechniken, Ablagesysteme, Checklisten, ... Jedoch werden diese Techniken oft nicht in einen sinnvollen Zusammenhang gebracht: Warum soll Zeit gespart werden? Um mehr arbeiten zu können? Um weniger Überstunden zu haben?

Ein strategisches Zeitmanagement beantwortet diese Fragen und nutzt die Zeitgewinne zur Erreichung langfristiger und auch persönlicher Ziele. Sie nutzen die Zeit für die Dinge, die Ihnen wirklich wichtig sind und steigern damit Ihre Zufriedenheit und Ihren beruflichen Erfolg. Sie nutzen die gewonnene Zeit zum Erholen in der Freizeit und können Ihr berufliches und privates Leben besser gestalten. Sie sollten die Methoden des Zeitsparens darum sinnvoll in Ihr Zeitmanagement integrieren und als Vorbereitung dafür nutzen. Deshalb finden Sie in Kapitel 7 und 8 Ergänzungen für ein ganzheitliches Zeitmanagement, das die beruflichen und persönlichen Zusammenhänge berücksichtigt.

Im Folgenden wird nun das System vorgestellt, von dem mehrere hundert Seminarteilnehmer in den letzten Jahren bestätigt haben, dass es funktioniert.

> *„Verlorene Zeit wird nicht wiedergefunden."*
> Benjamin Franklin

1.1 Zeitmanagement in fünf Generationen

Im Folgenden ein kurzer Überblick über die fünf Generationen des Zeitmanagement:

1. Generation

Hier werden lediglich Gedächtnishilfen zur Verbesserung des Arbeitsverhaltens genutzt – Notizen, Checklisten, To-Do-Listen, Post-its, ... Unerledigtes wird für den nächsten Tag notiert. Der Schwerpunkt liegt auf der Schriftlichkeit. Es erfolgt jedoch keine Unterscheidung nach Prioritäten. Das Wichtigste ist immer nur die aktuelle Aufgabe.

2. Generation

In dieser Generation stehen die Planung und Vorbereitung der Aufgaben im Mittelpunkt. Entscheidende Schwerpunkte sind die Steigerung der Effizienz, die persönliche Verantwortung für die Aufgabenbewältigung und für die Zielsetzung. Störungen oder Ablenkungen werden sinnvoll abgewehrt oder eingeplant.
Ein Problem dieser Generation war oft die Starrheit der Systeme und dass der Plan das Wichtigste war.

3. Generation

Spätestens hier gewinnen die Prioritätensetzung und Kontrolle an Gewicht. Vor allem machte man sich jetzt Gedanken über die lang-, mittel- und kurzfristigen Ziele. Die eigenen Werte sollten im Vordergrund stehen.
Effektivität (= die richtigen Dinge tun durch die Auswahl der Ziele) wird oft mit Effizienz (= die Dinge richtig tun mit den besten Mitteln) verwechselt: Prioritätenmanagement statt Zeitspartechniken!

4. Generation (ab ca. 1993)

Diese Generation stellt die Zeitsparmethoden in den Hintergrund und betont ein prinzipienorientiertes Zeitmanagement.
„Mehr Dinge schneller zu erledigen ist kein Ersatz dafür, das Richtige zu tun." (Stephen R. Covey, 1997).
Es geht mehr um die Dinge, die nicht gerade dringlich, dafür aber wichtig sind. Hier steht der Mensch als selbstbestimmendes Wesen im Mittelpunkt.
Ein ganzheitliches Arbeiten und ein erfülltes Leben sollen deshalb angestrebt werden. Spätestens seit dieser Generation wird in der

Literatur oft von Selbstmanagement anstelle von Zeitmanagement geschrieben.

5. Generation (seit ca. 2004)

Die letzte Generation des Zeitmanagements erfüllt die Vorstellung eines Selbstmanagements umfassend – bewusst und unbewusst durch:
- Work-Life-Balance
- Zielgerichtete Beeinflussung von Gefühlen und Stimmungen
- Steuerung der Gedanken und die Fokussierung auf das Wesentliche
- Kontrolle von persönlichen Bedürfnissen und Selbstmotivation
- Leistungssteigerung durch lebenslanges Lernen

Alle Generationen wurden jeweils von bestimmten Autoren entwickelt und geprägt. Das Zeitmanagement hat sich dadurch kontinuierlich weiterentwickelt.

1.2 Situationsanalyse

Nein, hier folgt jetzt kein Zeittypentest. Ich denke, dass auch im Zeitmanagement die Welt nicht nur schwarz oder weiß ist. Sie werden in diesem Buch deshalb auch nicht die oft bei diesem Thema vorgenommene Einteilung in Zeittypen vorfinden – dafür ist jede Person zu verschieden und je nach Situation und Umfeld in ihrem Verhalten zu unterschiedlich.
Oft bestätigen die Teilnehmer meiner Seminare die Vielschichtigkeit ihrer eigenen Person:
- „Zuhause organisiere ich mich ganz anders als im Job."
- „Bei diesem einen Kollegen kann ich nicht „nein"-Sagen, obwohl ich damit ansonsten keine Probleme habe."
- „Ich habe da einen Zeittypentest gemacht und bin ein bisschen von drei unterschiedlichen Typen."

Gerade bei diesem Thema ist es zu Anfang hilfreich, eine Ist-Analyse zu erstellen:
„Wo stehe ich heute?"
Erst im zweiten Schritt ist es sinnvoll festzulegen:
„Wohin will ich?"

Starten wir zu Anfang mit einer Aufgabe zum Aufwärmen.

> **→ Aufgabe: Die Zeit ...**
>
> ... *ist eine subjektive Größe.*
>
> ... *vergeht subjektiv schneller, je älter wir werden.*
>
> ... *vergeht in schönen Augenblicken unseres Lebens wie im Flug.*
>
> ... *verrinnt nur quälend langsam, wenn wir unbeliebte Aufgaben bearbeiten.*
>
> ... *kann nicht gespart oder zurückgewonnen werden - jede vergangene Sekunde ist unwiederbringlich vorbei.*
>
> *Wie viel ist Ihnen ein Tag Ihrer Lebenszeit überhaupt wert?*
>
> *Was bedeutet Zeit für Sie persönlich?*
>
> _____
> _____
> _____
> _____

In China findet man die Erkenntnis, dass für die meisten Menschen Zeit wertvoller als Geld ist. Bei Geschwindigkeitsüberschreitungen wird deshalb keine Geld-, sondern eine Zeitstrafe vor Ort ausgesprochen – z.B. eine Viertelstunde am Straßenrand warten!
Auf diese Weise wird zusätzlich der Zeitgewinn durch das Rasen genommen und der Betroffene zum Nachdenken angeregt.

1.3 Sie haben alle Zeit der Welt

Nachdem Sie sich ein paar Gedanken über Ihre persönliche Zeit gemacht haben, sehen wir uns das Ganze mal sehr sachlich an:

Ein Tag hat 24 Stunden.
Eine Woche hat 168 Stunden.
Ein Monat hat durchschnittlich 720 Stunden.
Ein Jahr hat ca. 8.664 Stunden.
Warum also reicht uns die vorhandene Zeit oft nicht?

Was das für Sie konkret bedeutet?

Schon zwei Stunden pro Woche effizienter zu arbeiten, verschafft Ihnen einen erstaunlichen Zuwachs an freier Lebenszeit. Das sollte Grund genug sein, sich mit dem Thema zu beschäftigen.

Exkurs: Rechnen- bzw. Mathematikfreunde können diese Aussage an der nachfolgenden Rechnung nachvollziehen. Wenn Sie berufstätig sind, umfasst eine Arbeitswoche (z.B. 42 Std.) rund ein Viertel Ihrer wöchentlichen Lebensstunden. Ziehen Sie den Schlaf ab, macht die Arbeit sogar ein Drittel oder mehr Ihrer wachen Zeit aus. Und diese beeinflusst natürlich Ihre Zufriedenheit, die Tagesgestaltung usw.

Wer bis zum bisher üblichen Rentenalter arbeitet (d.h. 65 Jahre) wird je nach Ausbildungsdauer vielleicht 40 oder mehr Jahre im Beruf verbringen. Am Stück gerechnet (ein Viertel arbeiten Sie, wie gerade erkannt) sind Sie also mehr als 10 Jahre am Stück aktiv. Stellen Sie sich nun vor, Sie könnten wöchentlich nur zwei Stunden effizienter arbeiten. Wenn Sie ein wenig rechnen, kommen Sie darauf, dass das ca. 6 Monate am Stück sind. Im Verhältnis zu 10 Jahren eine nennenswerte Größe.

Unser Zeitgefühl ist sehr trügerisch
Ungeliebte Aufgaben ziehen sich subjektiv in die Länge. Zehn Minuten kommen einem dann wie eine Ewigkeit vor.
Einfache und gern erledigte Aufgaben hingegen verführen zur intensiven Beschäftigung und zum Zeitverschwenden, obwohl einem die Zeit der Beschäftigung kürzer vorkommt.

> „Wie langsam doch die Zeit vergeht und wie schnell ist nichts getan."
> Joachim Panten

→ Aufgabe: Was mache ich eigentlich den ganzen Tag?

Haben Sie sich diese Frage schon häufiger gestellt?

Manchmal „plätschert" der Tag so vor sich hin, manchmal schaffen wir „subjektiv" sehr viel in kurzer Zeit und manchmal arbeiten wir stundenlang und kommen kaum „wirklich" weiter.

Oft verlaufen 80% unserer Arbeitstage nach einem festen Schema.

Wir haben uns an die Abläufe und Tätigkeiten in einer bestimmten Reihenfolge gewöhnt. Besprechungen sind oft an regelmäßig wiederkehrende Termine gelegt.

Bitte schreiben Sie einen „typischen", „durchschnittlichen" Arbeitstag stichwortartig im Halbstundentakt auf. Welche Aktionen haben Sie durchgeführt und welche Störungen sind währenddessen eingetreten? Eventuell machen Sie für sich noch eine Bemerkung zu Ihren Gedanken – was fällt Ihnen dabei jeweils auf? Die eigene Erkenntnis ist eine gute und sichere Grundlage für Veränderung.

Nutzen Sie das nachfolgende Formular – oder erzeugen Sie sich ein eigenes bzw. erstellen Sie z.B. eine passende Exceldatei. Passen Sie ggf. die Anfangs- und Endzeiten an. Die Arbeitsweise ist ganz Ihnen überlassen.

Die schmalen Spalten „Prio" und „E/F" werden Sie erst einige Kapitel später bei den dann folgenden Aufgaben ausfüllen.

Zeit	Aktionen	Prio	Störungen	E/F	Bemerkungen
7:00					
7:30					
8:00					
8:30					
9:00					
9:30					
10:00					
10:30					
11:00					
11:30					
12:00					
12:30					
13:00					
13:30					
14:00					
14:30					
15:00					

15:30					
16:00					
16:30					
17:00					
17:30					
18:00					
18:30					
19:00					

→ **Aufgabe: Was mache ich eigentlich den ganzen Tag?**

Welche Gewohnheiten / Fixpunkte wollen Sie verändern?

_____

_____

Vergleichen Sie sich einmal mit dem typischen Durchschnittsmenschen (Auszug aus der Zeitbudgeterhebung des Statistischen Bundesamtes 2001/2002, erschienen 2006):

Männer	Tätigkeit in Stunden	Frauen
8:23	Schlafen	8:30
3:12	Erwerbstätigkeit	1:44
3:01	Massenmedien	2:36
2:31	Haushaltsführung, Betreuung der Familie	4:14
1:55	Soziales Leben und Unterhaltung	2:04
1:41	Essen/Trinken	1:44
0:49	Persönlicher Bereich (Waschen, Anziehen)	0:57
0:39	Qualifikation/Bildung	0:37
0:36	Sport, Aktivitäten in der Natur	0:33
0:35	Hobby, Spiele	0:24
0:25	Ehrenamt, Freiwilligenarbeit	0:23

Bedenken Sie bei der Interpretation der Werte: Es sind Erwerbstätige und Nicht-Erwerbstätige erfasst und Durchschnittswerte für alle Wochentage angegeben. Der typische Werktag eines Erwerbstätigen sieht entsprechend anders aus.

→ Aufgabe: Wie verbringen Sie Ihre Zeit?

Werten Sie nun die Aufstellung zur Verwendung Ihrer Zeit näher aus und formulieren Sie ein Ziel. Tragen Sie die Antworten ein oder nehmen Sie sich besser ein Blatt und einen Stift und notieren Sie Ihre Antworten ausführlicher.

1. Blicken Sie auf die letzte Woche zurück: Mit welchen Dingen, die Ihnen wichtig sind und Ihnen etwas bedeuten, haben Sie wie viel Zeit verbracht?

___

2. Wie viel Zeit haben Sie mit unnützen oder unnötigen Dingen verbracht?

___

3. Wie möchten Sie ab sofort diesen „ungenutzten" Teil Ihrer Zeit nutzen? (z.B. für persönliche Ziele/Projekte, für bewusste Entspannung)

___

> *„Es ist nicht wenig Zeit, die wir haben, sondern viel Zeit, die wir nicht nutzen."*
> Lucius Annaeus Seneca

Viele Probleme bei diesem Thema entstehen anscheinend nicht durch die fehlende Zeit. Auch wenn der Lieblingssatz in einem durchschnittlichen Unternehmen lautet: „Ich habe keine Zeit". Es scheint eher daran zu liegen, *wie* wir die Zeit nutzen – welche Prioritäten wir setzen. Es müsste also eher heißen: „Das hat für mich keine Priorität." Aus diesem Grund wird statt von Zeitmanagement oft auch von Prioritätenmanagement oder – weil jeder sich individuell organisiert – von Selbstmanagement geredet.

Deshalb werden wir uns im nächsten Kapitel zuerst mit dem Setzen von Prioritäten und danach mit den Auswirkungen auf Ihr Selbstmanagement beschäftigen.

2 Zeitmanagement = Prioritätenmanagement = Selbstmanagement

Lernziele
- → Sie lernen Möglichkeiten der schnellen Priorisierung kennen.
- → Sie erfahren, wie Sie Ihre E-Mails prioritätengerecht bearbeiten.
- → Sie erkennen, welche Aufgaben zu welchen Zeiten des Arbeitstages sinnvoll sind.

Können wir unsere Zeit managen und planen? Sind es nicht eher die Aufgaben, die wir für bestimmte Zeiten einplanen? In welcher Reihenfolge und zu welchen Zeiten sollten die Tätigkeiten mit welchem Aufwand erledigt werden?

Etliche Menschen versuchen zu viele Aufgaben parallel auf einmal zu machen oder sie laufen Gefahr, sich in einzelnen Aufgaben zu verzetteln. Nach einigen anstrengenden Arbeitstagen, an denen dann auch noch Überstunden geleistet wurden, folgt oft die Ernüchterung:

Es wurde zwar viel gearbeitet, aber mit wenig Effekt und mittelmäßigem Nutzen. Die Zeit wurde vom täglichen „Kleinklein" und einer ungünstigen Bearbeitungsreihenfolge schnell verbraucht. Zusätzlich kommt noch der Effekt hinzu, dass Routinetätigkeiten oft als nicht so bedeutend angesehen und deshalb bei vielen Menschen auch nicht als Arbeit und Leistung verstanden werden. Und das, obwohl die Routinetätigkeiten normalerweise einen Großteil unserer Arbeitszeit ausmachen. Für viele Beschäftigte zählt leider einzig und allein ihr Gefühl der Werthaltigkeit eines Ergebnisses und der Schwierigkeitsgrad bei der Aufgabenbewältigung. Was bedeutet das dann für die Planung und die Zufriedenheit?

Erfolgreiche und zufriedene Menschen, so sagen etliche Studien, zeichnen sich unter anderem dadurch aus, dass sie sich immer nur auf eine Aufgabe gleichzeitig konzentrieren. Außerdem setzen diese Personen eindeutige Prioritäten, um ihre Kraft und Zeit gezielt dort einzusetzen, wo der größte Effekt erzielt werden kann, also die Hebelwirkung am Größten ist.

Natürlich ist die eigene Priorisierung bei Arbeitsplätzen, die sehr fremdgesteuert sind, weniger möglich. Jedoch lassen sich auch hier einige Aufgaben in anderen Reihenfolgen als nach dem zeitlichen Eintreffen bearbeiten. Je selbstgesteuerter und eigenverantwortlicher Sie arbeiten dürfen, desto größer wird auch Ihr Nutzen aus den folgenden Möglichkeiten der Prioritätensetzung sein.

2.1 Pareto-Prinzip

Von Vilfredo Pareto, einem italienischen Ökonomen, der vor gut 100 Jahren die Zusammenhänge des Wohlstandes in verschiedenen Ländern studierte, wurde entdeckt, dass 20 % der Gesamtbevölkerung 80 % des Volksvermögens besitzen. Pareto nannte dies ein „Voraussehbares Ungleichgewicht". Seine Forschungen mündeten in die „80:20-Regel", die auch als „Pareto-Prinzip" bekannt ist. Diese 80:20-Regel wurde seither auf viele weitere Bereiche übertragen, in denen sich herausstellte, dass der wesentliche Kern einer Leistung mit einem im Verhältnis geringen Teil des Aufwands erreicht wird. Mit dem darüber hinausgehenden Aufwand wird im Verhältnis nur noch wenig Leistung erzielt.

Typische Beispiele für die Nutzung des Pareto-Prinzips
- 80 % der Tagesarbeit wird in 20 % des Arbeitstages erledigt.
- 80 % der Beschlüsse werden in 20 % der Besprechungszeit getroffen.
- 80 % Qualität kann in 20 % der Zeit erzielt werden.

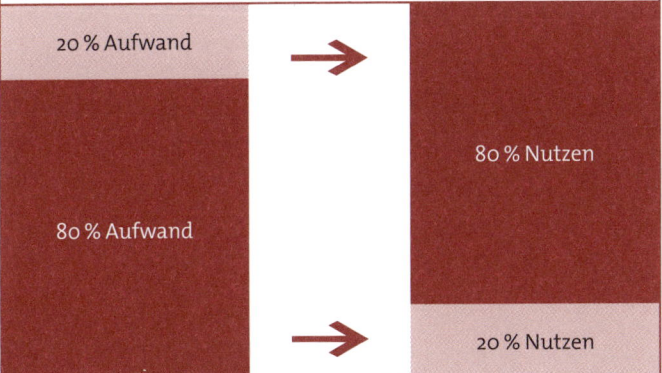

Die Erkenntnis daraus: 100 % dauert ca. 5 Mal länger. Die Konsequenz daraus ist natürlich nicht, sich immer mit 80 % zufrieden zu geben, sondern eine Zielgröße bewusst anzustreben.

→ Konzentrieren Sie deshalb Ihre Kräfte auf die wirklich wichtigen Aktivitäten!

Ein dazu passendes Sprichwort sagt „nobody is perfect"! Sicherlich gibt es Kollegen, die ihren Namen in Herr Nobody ändern möchten, wer aber bei allen Aufgaben nach Perfektion strebt, wird wohl nicht alle Arbeiten erledigen können. Außerdem sind sehr viel Frustration und Stress neben einem enormen Energie- und Zeitaufwand die Folge. Es wird schließlich immer Tätigkeiten geben, die auch mal nebenbei und damit nicht 100% gemacht werden müssen. Entweder weil der Aufwand nicht gerechtfertigt oder die Zeit nicht vorhanden ist.

Anstatt alle Aufgaben perfekt zu machen, sollte das Augenmerk auf die Dinge gelegt werden, bei denen der Aufwand gerechtfertigt ist.

Natürlich gibt es auch Aufgaben, die Sie falsch bewerten werden. Oder es wird Vorgesetzte, Kollegen oder Kunden geben, welche eine 80 %-Aufgabe am liebsten zu hundert Prozent erledigt hätten. Sehen Sie in diesem Fall bitte vor allem auf Ihre komplette Aufgabenliste und nicht nur auf Einzelheiten. Perfektionismus kommt oft vom Blick auf Kleinigkeiten und einzelne Aufgaben. Wenn Sie hingegen das „große Ganze", also Ihre anderen anstehenden Tätigkeiten im Blick behalten, können Sie auch leichter entscheiden, bei welchen Aufgaben hundert Prozent geleistet werden müssen und bei welchen nicht. Das ist schon der erste große Schritt in Richtung „Selbstmanagement".

> „Alles auf einmal tun zu wollen, zerstört alles auf einmal."
> Georg Christoph Lichtenberg

> **Ein berühmtes Beispiel**
>
> Eines Tages ließ der amerikanische Manager Charles Schwab den Unternehmensberater Irvin Lee kommen, der für gute Problemlösungen bekannt war, und gab ihm folgende Aufgabe:
> „Nennen Sie mir eine ebenso einfache wie effektive Möglichkeit, meine Zeit deutlich besser zu nutzen!"
> Irvin Lee gab Schwab ein Blatt Papier und sagte:
> „Schreiben Sie die wichtigsten Dinge, die Sie morgen zu erledigen haben, auf und nummerieren Sie sie in der Reihenfolge ihrer Bedeutung. Fangen Sie morgen früh als Erstes mit der wichtigsten Aufgabe an und bringen Sie diese zu Ende, ohne irgendetwas anderes anzufangen.
> Überprüfen Sie dann Ihre Prioritäten und erledigen Sie die zweitwichtigste Aufgabe, die drittwichtigste und so fort.
> Auch wenn Sie Ihren Zeitplan nicht komplett erfüllen können, ist das nicht tragisch. Sie stellen so jedoch sicher, die wichtigsten Dinge an diesem Tag erledigt zu haben."
> Auf die Frage nach dem Honorar räumte der Berater ein:
> „Arbeiten Sie konsequent nach dieser Methode und übersenden mir dann den Betrag, den Sie für angemessen halten."
> Was meinen Sie, was nach einigen Wochen passiert ist?
> Mr. Schwab schickte einen Scheck von über 25.000 Dollar.
> Es sagte später im Rückblick auf seine Karriere, dass dieses die wichtigste Lektion gewesen sei, die er je über Management gelernt habe.

Wenn Sie bei Ihrer Planung also zuerst die Tätigkeiten vorsehen, die bei wenig Aufwand 80 % der Ergebnisse bringen, dann können Sie sich sicher sein, schon einen großen Schritt nach vorne gemacht zu haben. Die anderen Aufgaben folgen dann erst an zweiter Stelle. Selbst wenn Sie von diesen Aufgaben nicht alle erledigen können, haben Sie weit mehr als 80 % Ihrer Ziele erreicht.
Wenn die restlichen 80 % Aufwand nur noch 20 % Ergebnis bringen, warum sollten Sie dann Ihre besten Stunden des Arbeitstages damit verbringen? Reservieren Sie sich deshalb eine Tageszeit für Ihren Kleinkram, der kaum Nutzen bringt. Legen Sie diese Aufgaben in Randzeiten oder Phasen, in denen Sie nicht so konzentriert arbeiten können.

Bei etlichen Aufgaben in Ihrem Arbeitsalltag können Sie dieses Verhältnis feststellen. Angenommen, Sie erstellen eine Auswertung, Statistik oder Übersicht. Nach einer halben Stunde haben Sie die Daten auf einem Blatt handschriftlich zusammengestellt. Damit sind die eigentlich wichtigsten Dinge erledigt, d.h. 20% Aufwand mit 80% Nutzen. Wenn Sie diese Daten jetzt noch in einer Grafik oder Präsentation aufbereiten müssen, werden Sie möglicherweise weitere ein bis zwei Stunden benötigen – und im Extremfall 80% Aufwand bei nur 20% zusätzlichem Nutzen haben.

Das Ziel muss also sein, dieses 80:20-Verhältnis zu Ihren Gunsten zu wenden, d.h. mit 20% Einsatz an der richtigen Stelle bereits 80% der Aufgaben zu bewältigen.

Bleiben wir beim obigen Beispiel der Auswertung und Präsentation. Wenn Sie dort statt 20% Restnutzen mit 19% zufrieden sind, sparen Sie 4% Aufwand, d.h. sie stecken statt 80% nur 76% hinein. Nutzen Sie diese 4% nun aber für Kernaufgaben, mulitplizieren sie sich, d.h. sie bringen 16% Nutzen. Das ist eine sehr wirksame Hebelwirkung. Natürlich ist das exakte Rechnen mit solchen Prozentwerten nur modellhaft. Es soll lediglich verdeutlichen, dass es darauf ankommt, den Aufwand dort zu betreiben, wo der größte Nutzen zu erwarten ist, d.h. Schwerpunkte zu verschieben.

> *„Es ist wichtiger, das Richtige zu tun, als etwas richtig zu tun."*
> Peter F. Drucker

→ Aufgabe: Pareto-Analyse

Legen Sie zwei DIN-A4-Blätter vor sich.

Auf dem linken Blatt notieren Sie Aufgaben, die zwar viel Aufwand bedeuten, bei denen der Nutzen für das Projekt, den Kunden, das Unternehmen und Sie selbst aber sehr gering ist. Schreiben Sie im Gegensatz dazu nun auf das rechte Blatt Aufgaben und Tätigkeitsbereiche, die bei wenig Aufwand viel Nutzen bringen.

Was genau fällt Ihnen auf?

Auf dem linken Blatt machen Sie sich dann zu jedem Punkt Gedanken, wie Sie den Aufwand für diese Tätigkeiten reduzieren können. Eventuell können Sie einen Vorgang vereinfachen, einen Prozess standardisieren, eine Aufgabe nicht mehr hundertprozentig erledigen oder eine Arbeit zukünftig delegieren.

Sichten Sie danach das rechte Blatt und machen Sie sich Notizen zu den nachfolgend aufgelisteten Punkten:

1. Auf welche Aufgaben wollen Sie sich in Zukunft mehr konzentrieren?

2. Welchen Aufgaben möchten Sie mehr Zeit einräumen?

Im Anschluss überprüfen Sie, ob die Zeitersparnis der linken Seite ausreicht, um den Schwerpunkt auf die rechte Seite zu verschieben.

Viel Aufwand und kaum Nutzen:		Viel Nutzen bei wenig Aufwand:
1.		1.
2.	*Schwerpunkt-*	2.
3.	*verschiebung*	3.
4.		4.
...		...

3. Wie möchten Sie ab sofort diesen „ungenutzten" Teil Ihrer Zeit nutzen? (z.B. für persönliche Ziele/Projekte, für bewusste Entspannung)

Ihr Fazit nach dieser Aufgabe:

_____
_____
_____
_____
_____
_____

Das Pareto-Prinzip können Sie zwar auch zur Priorisierung einzelner Aufgaben im Tagesablauf nutzen, jedoch ergibt sich dadurch noch **keine zeitliche Bearbeitungsreihenfolge.**

Hierfür ist eher die folgende ABC-Analyse geeignet.

2.2 ABC-Analyse

Die tägliche Praxis in vielen Unternehmen zeigt, dass sehr viel Zeit mit Routineaufgaben und für die Zielerreichung unwichtigen Arbeiten verbraucht wird. Im Arbeitsalltag gibt oft nicht die Wichtigkeit einer Aufgabe an, sondern unsere Vorlieben, die Wünsche anderer und den Termindruck von, was wann gemacht wird. Es wird dann das Wesentliche durch die kurzfristigen schnellen Aktionen verdrängt.

Die Kunst, Wesentliches vom Unwesentlichen zu unterscheiden, war wohl auch der Erfolgsfaktor des amerikanischen Generals und späteren Präsidenten Eisenhower. Im Zeitmanagement wird deshalb die ABC-Analyse nach Eisenhower bevorzugt, um die zu bearbeitenden Aufgaben mit Prioritäten zu versehen. Damit kann Wichtiges von weniger Wichtigem besser unterschieden und auch die zeitliche Reihenfolge der Aufgaben schnell festgelegt werden. Der größte Vorteil liegt sicher auch in der Einfachheit der Anwendung:

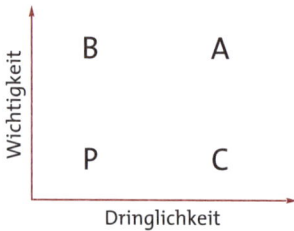

Diese ABC-Analyse ermöglicht eine schnelle Priorisierung der anstehenden Arbeiten und verhindert, dass die dringenden Aufgaben die wichtigen Aufgaben verdrängen.

Wichtige Aufgaben, die nicht dringend sind, werden häufig aufgeschoben oder es wird ihnen keine Zeit eingeräumt, weil es so viel „Dringendes" zu erledigen gibt. Die Nichterledigung bringt im Gegensatz zu den dringenden Aufgaben erst später unangenehme Konsequenzen, sodass diese vorerst gerne verdrängt werden. Die Dringlichkeit ermöglicht aber lediglich ein Arbeiten auf Zeitdruck und nach kurzfristigen Terminen.

Die Prioritäten haben folgende Konsequenzen bei der Anwendung:

- **A-Prioritäten**

sind sehr dringend und auch sehr wichtig.
Hier muss sofort gehandelt werden, weil es sich oft um akute Probleme, kritische Situationen und „Feuerwehreinsätze" handelt. Diese Dinge sind so wichtig, dass Sie sich selbst darum kümmern müssen und zwar am besten zu Zeiten, in denen Sie sehr konzentriert arbeiten können. Ihre A-Aufgaben legen Sie deshalb auf Uhrzeiten, in denen wenig Störungen an Ihrem Arbeitsplatz auftreten, und wenn Sie leistungsfähig sind (siehe Leistungskurve auf S.33). Das Mittagstief kommt hierfür nicht infrage!

- **B-Prioritäten**

Wenn Aufgaben noch Zeit haben, aber sehr wichtig sind, dann können diese in den nächsten Tagen und Wochen geplant werden. Jedoch müssen Sie darauf achten, dass Sie diese wichtigen Dinge zu einer Tageszeit in Ihrem Kalender terminieren, zu der Sie sehr konzentriert sind und nicht gestört werden. B-Prioritäten werden mit fortschreitender Zeit schließlich zu A-Prioritäten. Zur Erklärung des Umganges mit den B-Prioritäten folgt später noch ein Exkurs in die Kalenderplanung. Wie oft ist bei Ihnen in der Vergangenheit Priorität B zu A geworden? Lag dieser Effekt evtl. an der fehlenden Planung?

- **C-Prioritäten**

C-Aufgaben benötigen wegen der geringeren Wichtigkeit nicht Ihre gesamte Konzentration.
Erledigen Sie diese Tätigkeiten deshalb bevorzugt:

→ kurz vor Feierabend unter „Zeitdruck"
→ wenn Sie auf einen Anruf oder Termin warten
→ in Phasen, in denen Sie dauernd gestört werden
→ im Mittagstief oder in Konzentrations-Tälern
→ als „aktive" Pause zwischen zwei A- oder B-Aufgaben

Die C-Prioritäten sind zwar dringend, können jedoch zwischendurch erledigt oder eventuell auch delegiert werden. Zu den Möglichkeiten des Delegierens folgt im entsprechenden Kapitel mehr.

- **P-Prioritäten**

Alles, was weder dringend noch wichtig ist, wird nicht weiter verfolgt und kann in den realen oder gedanklichen Papierkorb.
→ Müssen Sie alle Zeitschriften und Rundläufe unbedingt lesen?
→ Wenn Sie dringend operiert werden müssten, welche Aufgaben würden Sie vorher aus Zeitgründen weglassen? Was passiert mit diesen Aufgaben dann?
→ Ist es notwendig, dass Sie an allen Besprechungen teilnehmen?

Arbeitspraxis: Der zweite Papierkorb

Wenn Sie mit einem elektronischen Medium arbeiten, haben Sie immer die Möglichkeit, Dateien und Einträge zu löschen und diese im Papierkorb wiederzufinden bzw. wiederherstellen zu lassen. Bei der Arbeit mit Unterlagen aus Papier ist dies nicht möglich. Gerade deshalb fällt es vielen Menschen schwer, sich von Unterlagen in Papierform zu trennen, die eventuell nochmal gebraucht werden können – diese werden „erstmal" zur Seite gelegt. Viele haben hierfür einen definierten Platz auf dem Schreibtisch, den sie unbewusst nutzen.

Dieser Erstmal-Stapel nimmt mit der Zeit ungeheure Ausmaße an. Auf der einen Seite nimmt er Ihnen wertvollen Platz auf dem Schreibtisch weg, auf der anderen Seite bleibt das Gefühl, dass in diesem Stapel noch Aufgaben schlummern. Nach außen macht solch ein Stapel außerdem keinen wirklich strukturierten und ordentlichen Eindruck. Wenn Sie für Papierunterlagen einen „zweiten Papierkorb" anlegen, können Sie zum Beispiel ein Ablagefach nehmen und dort die Dinge, die Sie sich noch nicht trauen, wegzuwerfen, hineinlegen. Am Ende der Woche nehmen Sie ein „Post-it", kleben es unten auf den Rand des obersten Blattes und notieren dort die Kalenderwoche. In der nächsten Woche sammeln Sie dort weiter, um am Ende der Woche wieder ein „Post-it" mit Kalenderwochenangabe daraufzukleben. Auf diese Weise können Sie wochenlang Dinge sammeln, von denen Sie sich noch nicht trennen wollen, nach denen eventuell noch jemand fragen könnte, oder auf die Sie nur auf Nachfrage reagieren wollen.

Anhand der Kalenderwochenhinweise auf den „Post-its" haben Sie immer eine zeitliche Reihenfolge in Ihrem Stapel. Wenn Sie jetzt eine Unterlage suchen, wissen Sie, ob diese vor zwei oder drei Wochen von Ihnen zur Kenntnis genommen wurde, und es reicht vollkommen aus, den Stapel zwischen den entsprechenden Kalenderwochen durchzusehen.

Dieses Phänomen kennen Sie vielleicht von Kollegen, die einen sehr unaufgeräumten, chaotischen Schreibtisch haben, die sich aber trotz allem chronologisch in ihrem Stapel sehr gut zurechtfinden.
Mit dem einzigen Unterschied, dass Sie das Chaos durch die „Post-its" etwas besser strukturieren und dass der zweite Papierkorb in einem Ablagefach auch nach außen hin ordentlicher wirkt.

Wenn Ihnen ein Ablagefach nicht reicht, dann nehmen Sie zum Beispiel einen Kopierkarton und schneiden vorne die Front heraus, sodass Sie die Blätter in einer Höhe von ca. 20 cm dort stapeln können. In den meisten Fällen wird dieser Kopierkarton nach einem halben Jahr gefüllt sein. Wenn Sie unten (die ältesten Blätter) ein bis zwei cm herausnehmen und vernichten, gewinnen Sie oben wieder Platz für neue Blätter und erneuern regelmäßig den Inhalt.

„Die Basis einer gesunden Ordnung ist ein großer Papierkorb."
Kurt Tucholsky

Nun zu Ihren eigenen Prioritäten:

> → **Aufgabe: Was wirklich wichtig ist**
>
> *Nehmen Sie sich vier Blätter, die Sie entsprechend der ABC-Analyse beschriften. Der Papierkorb ist das vierte Blatt. Erstellen Sie aus Ihrer Perspektive eine grobe Auflistung:*
>
> *1. Welche Arbeiten sind aus Ihrer Sicht Priorität A / B / C ? Versuchen Sie bitte, auch Aufgaben für den Papierkorb zu finden.*
>
>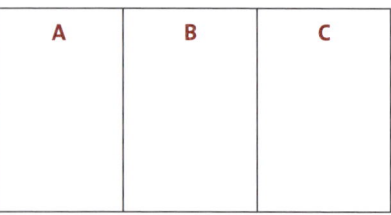
>
> *2. Versetzen Sie sich nacheinander in Ihre*
>
> → *internen Kunden*
> → *externen Kunden*
> → *Vorgesetzten oder Ihre Geschäftsführung*
>
> *Welche Arbeiten haben aus der jeweiligen Perspektive dann die Priorität A / B / C ? Nehmen Sie am besten für jede Perspektive eine unterschiedliche Farbe und schreiben Sie dann hinter Ihre aufgelisteten Punkte die jeweiligen Prioritäten.*
>
> *3. Als Ergänzung oder Alternative können Sie auch am Ende Ihres Arbeitstages jeweils die Blätter ausfüllen und die erledigten Aufgaben notieren. Zu jeder Tätigkeit notieren Sie kurz, wie viele Minuten Sie ungefähr für die Erledigung benötigt haben. Nach einer Woche addieren Sie dann alle Zeiten auf Blatt A, Blatt B und Blatt C.*
>
> *4. Welche Konsequenzen sollte diese Analyse haben?*
> _____
> _____
> _____
> _____

2.3 Prioritäten im Laufe des Arbeitstages

Stellen Sie sich vor, Ihr Tag entspräche einem großen Wasserglas. Zuerst legen Sie die großen Steine in das Glas hinein, danach schütten Sie in die verbleibenden Lücken den Sand. Das Glas ist voll.
Die Steine symbolisieren Ihre großen und wichtigen Aufgaben (Prioritäten A und B), der Sand ist der ganze „Kleinkram" (Priorität C).
Ihr Arbeitstag ist mit den Aufgaben gut ausgefüllt.

Auf diese Art können Sie vorausschauend planen und sorgen dafür, dass Ihre großen Aufgaben auf jeden Fall in Ihrem Arbeitstag erledigt werden können. Lesen Sie als Ergänzung hierzu das Pareto-Prinzip (im vorherigen Abschnitt). Die kleineren Aufgaben werden sich automatisch in die Lücken der großen Aufgaben schieben. Auf diese Art und Weise haben Sie nach jeder großen Aufgabe eine abwechslungsreiche, aktive Pause mit kleinen C-Aufgaben. Die Zeit für diese Aufgaben haben Sie ja entweder bereits in der Pufferzeit (Berücksichtigung des Tagesgeschäftes und der Störungen) oder als Serientermin immer im Mittagstief reserviert. Wenn Sie noch C-Aufgaben übrighaben, dann erledigen Sie dieses „Kleinklein" schnell vor Feierabend (absichtlich unter Zeitdruck). Evtl. müssen Sie einige Aufgaben auf den nächsten Morgen übertragen, können sie jedoch morgens sofort erledigen, weil sie schnell und unabhängig vom vorherigen Tag gemacht werden können. Sie schaffen auf jeden Fall Ihre großen Steine (A und B-Prioritäten). Der Kleinkram (C-Prioritäten) ist weniger wichtig und steht hintenan.

Was sehen Sie hingegen bei manchen Kollegen? Diese beginnen den Tag mit vielen Kleinigkeiten oder sie legen nicht vorab die richtige Reihenfolge der Aufgabenbearbeitung fest. Der Kleinkram wird dann oft als Erstes erledigt. Viel Sand ist also schon im Glas.

Erst danach geht es an die großen und wichtigen Aufgaben. Bei dieser Vorgehensweise entstehen aber zwischen den einzelnen großen Steinen Lücken, welche nun nicht mehr mit Sand gefüllt werden können. In dieser Zeit können sich die Kollegen gerade nicht auf eine größere Aufgabe konzentrieren und Sie werden zu einer Zwangspause genötigt. Nach solch einer oft längeren Pause ist der Wiedereinstieg in den Arbeitsprozess viel schwieriger. Außerdem ist die Gefahr sehr groß, kurz vor Feierabend noch mit einer großen Aufgabe anfangen zu müssen, diese aber nicht komplett zu Ende erledigen zu können. Der übriggebliebene Teil muss dann auf den nächsten Tag verschoben werden. Dadurch wird diese Aufgabe gedanklich mit nach Hause genommen und die Unzufriedenheit steigt.

Am nächsten Morgen beginnen die Kollegen jedoch wieder damit, erst den Kleinkram zu erledigen. Erst später wird dann die gestern angefangene Aufgabe weiter bearbeitet. Weil seit dem Beginn der Bearbeitung viel Zeit verstrichen ist, muss jedoch oft wieder ganz von vorne angefangen werden.

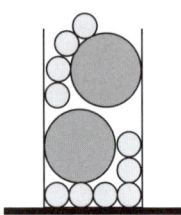

→ Aufgabe: Reihenfolge der Aufgaben im Tagesablauf

Wenn Sie dieses Buch zusammenhängend als „Kurs" durcharbeiten und die Arbeitstaganalyse aus Kap. 1.3 ausgefüllt haben, tragen Sie darin jetzt in der Spalte „Prio" die jeweilige Priorität A, B, C ein.

Bitte überlegen Sie dabei kurz, inwiefern Sie das eben genannte „Steine-Sand-Prinzip" auf Ihre Analyse übertragen können.

> „Holzhacken ist deshalb so beliebt,
> weil man bei dieser Tätigkeit den Erfolg sofort sieht."
> Albert Einstein

2.4 Alles zu seiner Zeit – die tägliche Leistungskurve

Sie haben sicher schon beobachtet, dass Sie zu bestimmten Zeiten hochkonzentriert und besonders leistungsfähig sind. Zu anderen Zeiten hingegen sind Sie müde und kaum arbeitsfähig. Mit individuellen Nuancen verlaufen diese Zeiten bei allen Menschen ähnlich. Individuelle Schwankungen dieser Kurve ergeben sich z.B. durch den persönlichen Tagesrhythmus und unterschiedliche Arbeitsgewohnheiten.

Die Leistungskurve verläuft nach folgendem Rhythmus: Sie steigt am Morgen steil an, um bis zum Vormittag ihren höchsten Wert zu erreichen. Danach fällt sie bis zum Mittag ab. Am Nachmittag steigt sie wieder bis zum Abend an (siehe Abbildung).
Mithilfe der persönlichen Leistungskurve können Sie die Arbeit effektiver über den Tag verteilen.
In das Leistungshoch vormittags und nachmittags planen Sie Ihre wichtigen A- und B-Aufgaben – auf diese müssen Sie sich schließlich gut konzentrieren. Legen Sie Ihre wichtigen Prozesse in die Stunden, in denen die Beteiligten hochkonzentriert sind.

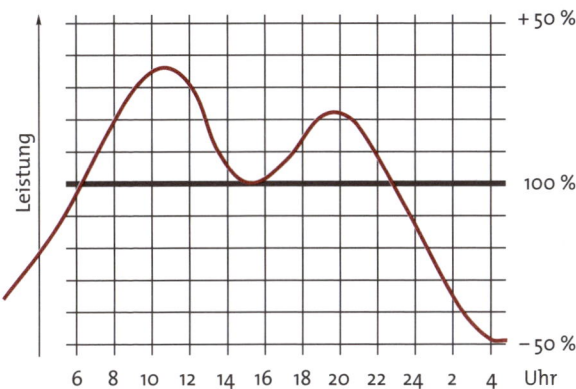

In das Leistungstief legen Sie hingegen die C-Aufgaben, die zwar heute unbedingt erledigt werden müssen, aber auch mal nebenbei oder nicht hundertprozentig (Pareto-Prinzip) gemacht werden können. In der Mittagszeit steigt die Fehleranzahl signifikant an, das beweisen verschiedene Studien. Welche Arbeiten passen in diese Zeit? Vielleicht haben Sie diesen Effekt bei sich selbst erkannt und legen deshalb Ihre Aufgaben, wenn es eben geht, ganz bewusst in bestimmte Zeiten.

In vielen Unternehmen wird bewusst auf diese Leistungskurve geachtet, indem vormittags eine „stille Stunde" in einigen Abteilungen festgelegt wird. In dieser Zeit werden nur schwierige und komplexe Aufgaben erledigt. Besonders die Produktentwicklungs- und Konstruktionsabteilungen können dann unbehelligt von den anderen Abteilungen oder Störungen von außen arbeiten. Telefonate werden entweder zentral gesammelt oder für zwei Stunden auf einen Anrufbeantworter umgeleitet. Wenn die Abteilung in einer Besprechung oder Mittagspause ist, dann wird ja auch akzeptiert, dass eine Stunde lang niemand erreichbar ist.

Mittags stehen dann Besprechungen auf dem Plan und alle können sich gegenseitig erreichen, um mit den erhaltenen Informationen danach weiterarbeiten zu können. Vom Nachmittag bis zum Feierabend werden dann oft Besprechungen, Termine außer Haus und nicht so komplexe Arbeitspakete erledigt.

> *„Gegen Feierabend werden die Sachen von alleine fertig."*
> Zitat eines Seminarteilnehmers

→ Aufgabe: Ihre persönliche Leistungskurve

Bitte tragen Sie in die folgende Grafik Ihre individuelle Leistungsfähigkeit ein.

Legen Sie den Schnittpunkt zur 100%igen Leistungsfähigkeit in die Zeit des Aufwachens.

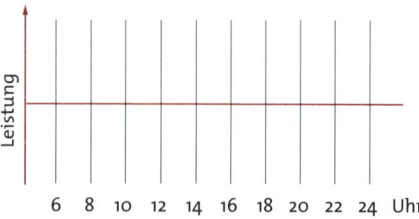

Erkennen Sie auch Unterschiede zwischen den einzelnen Wochentagen? Verläuft die Kurve am Montag anders als am Freitag? Was meinen Sie, woran das liegt und welche Konsequenz Sie ziehen müssten?

_____

_____

Neben dieser Leistungskurve sind natürlich auch noch andere Faktoren wichtig für die Konzentrations- und Leistungsfähigkeit.

Für das Arbeiten mit hoher Konzentration ist auch entscheidend, was Sie vorher gegessen und getrunken haben. Also verzichten Sie wenigstens vor stressigen Arbeitsphasen auf bestimmte Lebensmittel (fettig, zuckerhaltig, ...). Die Ernährung hat einen großen Einfluss auf Ihre psychische Leistungsfähigkeit. Für das, was als gesund und verträglich gilt, soll auf entsprechende Fachliteratur verwiesen werden. Die Expertenmeinungen sind nicht durchgängig einheitlich und Sie sollten auch ausprobieren, was Ihnen persönlich gut bekommt. Auf ein Thema soll hier aber kurz eingegangen werden:
Unser Gehirn ist vor allem auf Flüssigkeit angewiesen. Bei Flüssigkeitsmangel fällt es dem Menschen nicht nur schwer sich zu konzentrieren, auch Routinearbeiten und Reflexe werden dann verlangsamt und oft fehlerhaft ausgeführt.
Als Merksatz für das Thema Ernährung, das Sie keinesfalls unterschätzen sollten, mag kurz und bündig das folgende Zitat dienen:

> *„An apple a day keeps the doctor away."*
> Englisches Sprichwort

Außerdem ist ein positives Stressniveau ein weiterer wichtiger Baustein in diesem Zusammenhang:

Diese Kurve ist völlig unabhängig von der Tageszeit. Wenn Sie Ihr ideales Stressniveau erreicht haben, dann sind Sie sehr leistungsfähig und fühlen sich trotz der Belastung gut.

Vereinfacht können wir feststellen, dass Sie bei einem mittleren Stressniveau durch den positiven Stress angetrieben sehr gut arbeiten können. Weil aber auch dieser den Körper stresst, benötigen Sie Pausen und Entspannungszeiten.
Sobald Sie in Richtung „Panik" gelangen, herrscht negativer Stress. Dieser führt dazu, dass Sie ängstlich und gelähmt reagieren. Eine Überbelastung kann dann auf Dauer zu einem „Burn-Out-Syndrom" beitragen.

Zu wenig Belastung hingegen führt zu unmotiviertem Verhalten und nach neuesten Erkenntnissen durch negativen Stress zum sogenannten „Bore-Out-Syndrom".

→ Aufgabe: Reihenfolge der Aufgaben im Tagesablauf

1. Bei welchen Tätigkeiten im Beruf können Sie sich gut konzentrieren?
___
___
___

2. Woran genau liegt es, dass Sie sich dann gut konzentrieren können?
___
___
___

3. Bei welchen Aufgaben können Sie sich nicht gut konzentrieren?
___
___
___

4. Was genau stört Sie dann? Was lenkt Sie dabei ab? Woran liegt das?
___
___
___

5. Welche Schlüsse ziehen Sie daraus?

_____

_____

_____

6. Was genau wollen Sie verändern?

_____

_____

_____

2.5 E-Mail-Bearbeitung

Der soeben beschriebene Ablauf bei der Aufgabenbearbeitung – erst die Steine, dann der Sand – gilt natürlich auch für die Bearbeitung von E-Mails. Zur Unterstützung nehmen wir jetzt noch die soeben vorgestellten Priorisierungen nach A, B und C hinzu.

Ihr E-Mail-Programm legt die eingehenden E-Mails (bei Standardeinstellung) in der Reihenfolge des Eingangs, ggf. nach anderen formalen Kriterien, aber natürlich niemals in der richtigen Priorität ab. Bei einigen Menschen führt dieses dann zu folgendem Verhalten:

Beispiel
Angenommen, Ihr Kollege hat fünf neue E-Mails bekommen. Diese E-Mails öffnet er nun der Reihe nach, um sie zu sichten und dann eventuell zu bearbeiten.

1. Eine kleine Anfrage
2. Projektaufgabe
3. Kurze Rückmeldung zu ...
4. Bitte senden Sie mir noch ...
5. Heute muss unbedingt noch ...

Die erste E-Mail ist eine Kleinigkeit. Diese kann er mit ein, zwei Sätzen sofort beantworten, was er auch macht.

Die zweite E-Mail muss unbedingt heute gemacht werden, benötigt aber ein bisschen mehr Zeitaufwand und Konzentration (A-Priorität). Diese E-Mail schließt er vorerst, um sich nachher noch einmal damit zu beschäftigen.

> Die nächste E-Mail ist wieder eine C-Priorität. Weil diese dringend erledigt werden muss und mal eben schnell zu machen ist, beantwortet er diese sofort.
> Die vierte E-Mail enthält eine Aufgabe des Absenders, welche am nächsten Freitag erledigt sein muss, und dementsprechend nicht sehr dringend ist (B-Priorität). Sie ist zwar sehr wichtig, ein Kunde benötigt bis nächsten Freitag unbedingt eine Rückmeldung. Für diese Erledigung wird auf jeden Fall aber mehr Zeit benötigt. Also schließt der Kollege diese E-Mail auch, um später noch einmal hineinzugucken.
> Die fünfte und letzte E-Mail ist wieder schnell zu erledigen, was Ihr Kollege dann auch sofort macht.
> Nun wollen wir hoffen, dass er sich sofort an E-Mail Nummer 2 erinnert – die Aufgabe die dringend und wichtig ist (A-Priorität) – und heute erledigt werden muss.
> Die vierte E-Mail mit der B-Aufgabe lässt er ohne weitere Planung liegen – "die hat ja noch Zeit".
> Wenn er das nächste Mal in seinen Posteingang schaut, geht er genauso vor.

Betrachten wir dieses Verhalten genereller. E-Mails, die dringend sind und schnell erledigt werden können, macht er sofort. E-Mails hingegen, die Zeit haben, schließt er, um sich später nochmal damit zu beschäftigen. Er sieht sich dann die B-Prioritäten mehrmals im Laufe der Tage an und stellt immer wieder fest, dass diese Aufgabe noch Zeit hat und deshalb ruhig verschoben werden kann. Außerdem gibt es genug Aufgaben, die ganz dringend jetzt und morgen gemacht werden müssen. Auf diese Weise schiebt er die B-Aufgaben so lange, bis auch diese dringend erledigt werden müssen.

Nicht nur, dass er durch dieses Verhalten Zeit verliert, weil er ein- und dieselben E-Mails mehrfach liest, ohne auch nur einen Schritt weiterzukommen, sein Gehirn schaltet mit dem Lesen dieser E-Mails auch langsam ab. Weil diese Sachverhalte schon bekannt sind durch das mehrfache Beschäftigen damit, gewinnt das Gehirn mehr und mehr den Eindruck, diese Aufgabe wäre schon fast erledigt.

Auf der anderen Seite belohnt sich der Kollege durch das direkte Abarbeiten der Kleinigkeiten und nicht durch das Bewältigen der großen Aufgaben: Er hat ja schon drei der fünf E-Mails bearbeitet!

Vom Gefühl geht es hier also eher um die Anzahl der E-Mails und nicht um deren Inhalt, die Qualität und den Zeitaufwand zur Bearbeitung.

Wie sollten Sie mit diesem E-Mail-Posteingang umgehen?

Sie öffnen die erste Kleinigkeiten-E-Mail, überfliegen diese kurz und schließen sie wieder, um sie erst im Mittagstief oder in Zeiten, in denen Sie häufig gestört werden oder unkonzentriert sind, zu bearbeiten. Diese C-Priorität benötigt nicht Ihre volle Aufmerksamkeit und auch nicht eine perfektionistische Bearbeitung. Die zweite E-Mail schreiben Sie als Aufgabe mithilfe der ALPEN-Methode (siehe Kap. 3) auf Ihre heutige Aufgabenliste. Falls bei dieser E-Mail noch Angaben fehlen, senden Sie diese sofort mit den entsprechenden Fragen und der Bitte um Klärung an den Absender zurück. Auf diese Weise kann der Absender die Aufgabe bzw. E-Mail konkreter formulieren, sodass Sie diese dann fehlerfreier bearbeiten können. Die dritte E-Mail wird von Ihnen als Kleinkram identifiziert und folgerichtig sofort wieder geschlossen. Die vierte E-Mail, deren Bearbeitung noch Zeit hat (Priorität B), wird als Aufgabe mithilfe der ALPEN-Methode notiert und im Kalender mit Zeitblöcken in den nächsten Tagen geplant (hierzu später mehr). Die letzte E-Mail wird kurz überflogen und dann sofort wieder geschlossen.

Auf diese Weise sehen Sie beim nächsten Blick in den Posteingang sofort an der Betreffzeile, welche C-E-Mails zum Beispiel im Mittagstief oder wenn eine aktive Pause benötigt wird, schnell erledigt werden können, weil diese zwar als gelesen gekennzeichnet aber nicht bearbeitet wurden.

An den A-E-Mails arbeiten Sie entweder gerade, haben diese schon erledigt oder Sie sehen beim Blick auf den Betreff, dass diese heute oder spätestens morgen zu erledigen sind. Hier müssen Sie also eigentlich auch keine Aktion im E-Mail-Programm vornehmen. Aus Gewohnheit tippen Sie jedoch bitte in die Betreffzeile ein A, dann können Sie den Posteingang auch schneller nach Prioritäten sortieren lassen.

Bei den B-E-Mails hingegen steht in der Betreffzeile als Erstes das B (für die Priorität) mit dem entsprechenden Verweis auf die Aufgabenliste und evtl. noch das Abgabedatum. Erst dann folgt der Ursprungsbetreff.

Arbeitspraxis: E-Mail-Bearbeitung

Wenn Sie in Lotus Notes oder MicrosoftOutlook innerhalb der Betreffzeile oder im Textfeld der E-Mail einen Doppelklick machen, dann können Sie die E-Mail nach Bedarf verändern.

Tippen Sie dann in die Betreffzeile zu Ihrer Orientierung eine sinnvolle Abkürzung, damit Sie die E-Mails nicht immer öffnen und erneut lesen müssen.

Beispiele

→ 12.05. = Abgabedatum

→ B5 = geplante B-Priorität mit Ordnungsnummer 5

→ Meyer? = Rückmeldung fehlt von Herrn Meyer

→ A = A-Priorität

Der oben betrachtete Posteingang sieht dann zum Beispiel so aus:

1. Eine kleine Anfrage
2. **A** Projektaufgabe
3. Kurze Rückmeldung zu ...
4. **B 37 12.06.** Bitte senden Sie mir noch ...
5. Heute muss unbedingt noch ...

Der Vorteil: Kleinigkeiten werden nur zwischendurch gemacht. Aufgaben, die noch Zeit haben, werden mit einem Querverweis zur entsprechenden Aufgabenliste verbunden und sind im Posteingang sofort als schon geplante Aufgaben zu erkennen. Aufgaben, die dringend und wichtig sind, werden sofort bzw. vor den Kleinigkeiten angefangen. Die E-Mails mit der C-Priorität dienen dann als aktive Pause und Abwechslung nach der erfolgreichen Bearbeitung einer Aufgabe.

Sichten Sie regelmäßig, aber immer erst, nachdem die gerade vorgenommene Arbeit beendet ist, Ihren E-Mail-Posteingang. Lassen Sie sich deshalb nicht über eingehende E-Mails mit einem Tonsignal oder einem „Popup-Fenster" informieren. Arbeiten Sie lieber eine Zeit lang am Stück an Ihren geplanten Aufgaben. Natürlich kann es so vorkommen, dass Sie zwei Stunden lang nicht kontrollieren, welche neuen E-Mails an Sie geschickt wurden.

Aber das passiert Ihnen doch auch wenn Sie
- → in der Mittagspause sind
- → in einem Meeting sitzen
- → mit Kollegen zusammenarbeiten
- → bei einem Kunden vor Ort sind

Warum sollte Ihre Zeit am Arbeitsplatz ohne dauernde E-Mail-Kontrolle dann nicht wertvoller sein?

> ### → Aufgabe: E-Mail-Bearbeitung
>
> *Notieren Sie bitte stichwortartig Ihre Antworten auf die folgenden Fragen:*
>
> *Welche Verhaltensweisen bei der E-Mail-Bearbeitung erkennen Sie bei sich selbst (zum Rhythmus des Abrufs und zur Systematik der Bearbeitung)?*
>
> _____
> _____
> _____
>
> *Welche Auswirkungen hat dieses Verhalten für Sie und Ihr Umfeld?*
>
> _____
> _____
> _____
>
> *Was genau möchten Sie zukünftig daran ändern?*
>
> _____
> _____
> _____

> „Es gibt nichts Gutes, außer man tut es!"
> Erich Kästner

3 Die Methode der „weisen ALTEN" in den „ALPEN"

Lernziele
- → Sie lernen eine schnelle und einfache Methode für das Notieren von Aufgaben kennen.
- → Sie erfahren, welche Punkte bei der Arbeitsplanung berücksichtigt werden müssen.
- → Sie reflektieren Ihre bisherige Aufgabenbearbeitung.
- → Sie können Ihre langfristigen Termine und Tätigkeiten im Kalender planen.
- → Sie lernen, auf Störungen im Arbeitsprozess zu reagieren.
- → Sie finden Möglichkeiten, nach Störungen schnell wieder den roten Faden aufzunehmen.
- → Sie können Aufgaben delegieren, die Bearbeitung steuern und das Ergebnis kontrollieren.

Mit der hier vorgestellten Methode gehen Sie in fünf Schritten vor, um die anstehenden Tätigkeiten in Ihrer Aufgabenliste zu strukturieren:

A – Aufgaben zusammenstellen
Notieren Sie alle anfallenden Arbeiten.

L – Länge abschätzen (ab Seite 47)
Schätzen Sie den ungefähren Zeitbedarf der einzelnen Aufgaben.

T – Tagesgeschäft berücksichtigen	oder **P** – Pufferzeiten reservieren (ab Seite 53)

Planen Sie Zeiten für Ihr Tagesgeschäft als Pufferzeiten ein.
Manchmal benötigen Sie mehr Zeit als vorgesehen, Sie werden gestört und müssen sich erneut hineindenken.

E – Entscheidungen treffen (ab Seite 61)
Entscheidungen über die ABC-Priorität der Aufgaben treffen.

N – Nachkontrolle (ab Seite 76)
War das Vorgehen und die Prioritätensetzung sinnvoll?
Hier stellen Sie fest, was sie geleistet haben und übertragen Unerledigtes auf den nächsten Tag. Sie können mit dieser Kontrolle Störungen erkennen und Verbesserungen für die Zukunft herausfinden.

Diese Methode hilft Ihnen, Ihre Aufgabenberge (als Sinnbild das Gebirge der Alpen) Schritt für Schritt handhabbar zu machen. Mit ihrer Hilfe sollen die Aufgaben schon direkt beim Notieren für die weiteren Bearbeitungsschritte vorbereitet werden. Seminarteilnehmer berichten oft, dass ein täglicher Aufwand von ca. 15 Minuten schriftlicher Planung mit dieser Methode zu einem Zeitgewinn von ungefähr einer Stunde führt!

Auf den folgenden Seiten finden Sie der Reihe nach die Hintergrundinformationen und Erklärungen zu den einzelnen Buchstaben der „Methode der weisen Alten" (entspricht der ALPEN-Methode).

3.1 A = Aufgabenliste schreiben

Ein kluger Mensch hat einmal gesagt: „Was man nicht im Kopf hat, hat man in den Beinen." Viel besser aber sollte es für Sie heißen: „Was man nicht im Kopf hat, das hat man sich vorher notiert."
Niemand kann sich wirklich alles merken. Alle Aufgaben, die richtige Reihenfolge der Bearbeitung, die notwendigen Informationen, ...
Es ist also kein Zeichen von Schwäche, wenn Sie sich Notizen machen, sondern ein Beweis Ihrer Kompetenz und Sorgfalt, denn so werden Sie nichts vergessen.
Das Medium, mit welchem Sie planen, ist hierfür völlig unerheblich. Sie können also auch gerne weiterhin mit Ihrem Taschenkalender und Ihrer Aufgabenliste in Papierform arbeiten.

Die Vorteile der schriftlichen Planung mithilfe der Aufgabenliste:
- → Schneller Überblick über Projekte und Termine
- → Konzentration auf gegenwärtig zu erledigende Aufgaben
- → Dokumentation, Nachvollziehbarkeit und Qualitätskontrolle geleisteter Arbeit
- → Strukturierte Vorgehensweise durch Prioritätensetzung
- → Ergebniskontrolle und Belohnung durch das Streichen erledigter Aufgaben

Am Ende Ihres Arbeitstages haben Sie außerdem für eine mögliche Dokumentation (interne Dienstleistungen/Kostenverrechnungen) alle Tätigkeiten mit den zugehörigen Zeiten griffbereit. Sie sehen auch sofort, was Sie geschafft haben (Selbstmotivation / Belohnung), und bei der folgenden abendlichen Nachkontrolle erfahren Sie, ob die bisherige Vorgehensweise verändert werden muss.

Notizbuch

Vermeiden Sie es aber, Notizen auf kleinen Zetteln oder Post-its festzuhalten und irgendwo anzukleben. Wenn Sie bereits mehrere Zettel angeklebt haben, werden Sie sie bald nicht mehr beachten und Sie verlieren ihre Memo-Wirkung. Sie ignorieren die „Zettelflut" und vergessen die Aufgabe. Besser: Sie notieren die Aufgaben direkt auf Ihrer „Aufgabenliste" oder, wenn keine Aufgabe damit verbunden ist, in einem Notizbuch/Buchkalender. Dieses klassische Arbeitsmittel hat große Vorteile, aber wenn Sie es gewohnt sind, mit Computer, Laptop, mobilem Gerät etc. zu arbeiten, werden Sie sich eine digitale Variante für die Aufgabenliste einrichten. Die folgen Hinweise zum Vorgehen müssen Sie dann sinngemäß übertragen.

Ein Buch oder eine einfache Liste lassen sich gut nutzen, wenn Sie Notizen keinem bestimmten Thema zuordnen können oder erst einmal sammeln möchten.

Das Buch sollte fest eingebunden sein, sodass Sie Mitschriften, Abläufe etc. in der notierten Reihenfolge wiederfinden können. Versehen Sie die Notizen trotzdem mit Datumsangaben und vielleicht mit Kürzeln, damit Sie auf einen Blick sehen, wo ein Meeting (M), ein Verfahrensablauf (V) etc. notiert wurde. Nutzen Sie dafür eventuell ein Buch mit Register. Datieren Sie Ihre Aufzeichnungen (z.B. Telefonat- oder Meetingmitschrift) immer. Jedes Mal, wenn Sie etwas notieren, sollten Sie die Notiz mit dem Datum versehen. So haben Sie immer die Übersicht darüber, wie die Dinge chronologisch abliefen.

Wenn Ihnen die chronologische Reihenfolge sehr wichtig ist, dann hat es sich bewährt, einen Taschenbuchkalender (eine Seite für jeden Tag) zu benutzen. Sie können zu jedem Datum die entsprechenden Ideen oder Notizen schreiben und hinterher in der „richtigen" zeitlichen Abfolge wiederfinden.

You'll never walk alone

Nehmen Sie die Hymne der Liverpooler Fußballfans ernst! Nehmen Sie stets Ihre Notizausrüstung (Notizbuch + Stift oder mobiles Gerät) mit, sobald Sie Ihren Arbeitsplatz verlassen. Dann haben Sie auf dem Weg zum Meeting, zum Kollegen, zur Produktion etc. immer die Möglichkeit, sich Notizen zu machen. Sie notieren darin die Gedanken, die Ihnen zu gerade anstehenden Arbeiten einfallen oder die zusätzlich noch erledigt werden müssen. Außerdem können Sie sich schnell Notizen machen, falls ein Kollege oder Kunde Sie unterwegs anspricht. Oft werden einem zwischen Tür und Angel weitere Aufgaben mitgeteilt oder Informationen gegeben. Kaum jemand kann diese Informationen dann alle im Kopf behalten, bis er wieder an seinen Arbeitsplatz zurückgekehrt ist. Sie hingegen können die Angaben direkt notieren.

Als Beispiel wird im Folgenden eine Aufgabenliste entwickelt, die von Kapitel zu Kapitel ergänzt wird. Anhand dieser Liste lässt sich das Prinzip praxisnah erläutern. Als letzte Spalte ist zusätzlich der Abgabetermin/das Erledigungsdatum ergänzt worden, damit Sie dieses immer im Blick haben.

A	L	T	E	N	Termin
Angebot an X					
Analyse von Y					
Präsentation Z					

„Selbst die schwächste Tinte ist besser als das stärkste Gedächtnis."
Chinesisches Sprichwort

Arbeitspraxis: Schriftlich Arbeiten
Aufgaben müssen schriftlich formuliert werden. Wer digital arbeiten und die Effizienz der heutigen technischen Möglichkeiten ausschöpfen möchte, kann Spracherkennungsprogramme nutzen. Deren Anschaffung und die Einarbeitung lohnen sich erst recht, wenn mehr Schriftliches zu erledigen ist, wie z.B. Besprechungsprotokolle, Besuchsberichte, Projektdokumentationen oder längere, textlastige E-Mails. Spracherkennungsprogramme arbeiten auch gut mit Smartphones zusammen. Wer handschriftlich arbeiten möchte, kann beispielsweise Dateneingabestifte verwenden. Das ist auch eine Möglichkeit für Notizen „unterwegs".

Häufig fragen sich Menschen vor dem Aufschreiben der übertragenen Aufgabe, ob diese Arbeit überhaupt gemacht werden muss, ob Sie diese Aufgabe selbst machen müssen, ob die Angelegenheit verschoben werden kann, oder ...

Welche Fragen kommen Ihnen zuerst in den Kopf, wenn eine Aufgabe an Sie delegiert wird?
→ Was soll das denn jetzt schon wieder?
→ Warum muss der damit zu mir kommen?
→ Was passiert, wenn ich jetzt „nein" sage?
→ Warum muss das ausgerechnet jetzt sein?

Gedacht, aber nicht ausgesprochen werden diese Fragen oft. Das ist auch gut so, dienen diese Fragen doch unbewusst zur Analyse der Aufgabe und zur Klärung von Prioritäten.

Ich möchte Sie auffordern, diese W-Fragen bewusst, aber verändert formuliert zu stellen. Erstens klären Sie auf diese Weise das Ziel hinter der Aufgabe und zweitens werden Sie so alle weiteren relevanten Informationen bekommen können. Während dieser Aufgabenklärung werden Sie auch bereits erfahren, welche Priorität die Aufgabe bekommen muss.

Arbeitspraxis: Priorisieren mit W-Fragen
Stellen Sie gezielte Warum-Fragen, um die Prioritäten zu klären.
Die folgenden vier Entlastungsfragen sollen ein Beispiel der Zuordnung zu den Prioritäten geben:

→ Warum überhaupt?
  Ist der Vorgang unbedingt notwendig?
  Warum muss diese Besprechung wirklich sein?
  Muss ich diesen Vorgang protokollieren?
  Muss ich die Werbung durchlesen?
  Warum muss ich diesen Besucher empfangen?
  Muss ich diesen Anruf annehmen?
  • Bei dieser Frage geht es um das Eliminieren von Arbeit, also Priorität P(apierkorb).

→ **Warum gerade ich?**
   Kann diese Aufgabe von jemand anderem besser gemacht werden?
   Erledige ich eigentlich die Arbeit eines anderen?
   Entspricht diese Anfrage meinen Aufgaben?
   Hat eine andere Person gerade Zeit dafür?
   - Es wird geprüft, ob die Tätigkeit delegiert werden kann, also Priorität C.

→ **Warum ausgerechnet jetzt?**
   Muss ich die Aufgabe jetzt erledigen?
   Lässt sich die Tätigkeit sinnvollerweise auf einen anderen Zeitpunkt verschieben?
   Ist jetzt wirklich der beste Zeitpunkt? (Leistungskurve)
   - Die Erledigung wird terminiert, also Priorität B.

→ **Warum in dieser Form?**
   Muss ein Brief geschrieben werden, reicht nicht auch ein Telefonat?
   Kann ich ein handgeschriebenes Fax versenden?
   Kann dieser Vorgang vereinfacht werden?
   - Bei diesen Fragen geht es um das Minimieren, also Priorität C.

Trauen Sie sich – stellen Sie diese Fragen!

3.2 L = Länge der Aufgabenbearbeitung abschätzen

Bei Aufgaben, die als unwichtig oder geringfügig angesehen werden, unterschätzen wir oft den tatsächlichen Zeitbedarf. Bei anscheinend wichtigen Aufgaben hingegen nehmen wir uns genug Zeit.
Nutzen Sie Ihre Erfahrungen der letzten Jahre, um den Zeitaufwand möglichst realistisch schätzen zu können. Wenn Sie bei einer Aufgabenstellung auf keine Erfahrungen aus der Vergangenheit zurückgreifen können, dann befragen Sie den Auftraggeber, ob evtl. ein Kollege eine ähnliche Tätigkeit schon einmal erledigt hat und Ihnen bei Fragen (nicht nur bezüglich der Zeitschätzung) zur Seite stehen kann. Oder bitten Sie den Auftraggeber, den erwarteten Zeitaufwand selbst abzuschätzen.

Achtung: Oft werden nur Abgabetermine genannt. Wie viele Stunden Sie bis dahin arbeiten müssen, ergibt sich hieraus aber nicht!

Bei einigen Aufgaben fällt es uns schwer, die genaue Zeitdauer abzuschätzen. Entweder weil diese Aufgaben zeitlich sehr umfangreich sind oder weil wir die Aufgabe noch nicht ganz durchschauen. Dazu zählen auch Aufgaben, die wir noch nie gemacht haben, dementsprechend nicht überblicken bzw. zeitlich realistisch einschätzen können. In diesen Fällen ist es durchaus legitim, dem Auftraggeber den Hinweis zu geben, diese Aufgabe erst durchdenken bzw. planen zu müssen, bevor Sie eine Rückmeldung zum Zeitaufwand geben können und ob der Termin eingehalten werden kann. Bei manchen Aufgaben (Neukonstruktion, Berechnungen,...) können Sie dem Auftraggeber auch mitteilen, dass Sie sich erst ein oder zwei Stunden mit dem Thema beschäftigen müssen, um dann absehen zu können, wie lange Sie endgültig dafür benötigen werden (siehe Grafik). Außerdem können Sie bei der Präsentation des Zwischenergebnisses frühzeitig nachbessern und müssen nicht Ihre 100%-Lösung komplett verwerfen.

Die folgenden beiden Grafiken sollen diesen Zusammenhang noch einmal verdeutlichen:

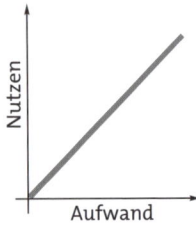 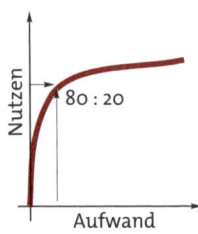

Zeitverlauf bei Routinetätigkeiten   *Pareto-Kurve bei „Neuem"*

Bei Arbeiten, die Sie gut beherrschen und wissen, welcher Aufwand damit verbunden ist, können Sie entsprechend der linken Grafik nach der Hälfte der Zeit davon ausgehen, dass Sie auch schon die Hälfte des Ergebnisses erreicht haben.
In der rechten Grafik sehen Sie hingegen, dass Sie bei ganz neuen und unbekannten Aufgabenstellungen zwar nach kurzer Zeit schon das

L = LÄNGE DER AUFGABENBEARBEITUNG ABSCHÄTZEN

Gefühl haben, große Fortschritte gemacht zu haben, aber die entstehenden weiteren notwendigen Aufgaben und auftretenden Lücken verzögern die Aufgabe, je mehr Sie sich damit auseinandersetzen und der 100%-Erledigung annähern.

Für die Zeitschätzung von unbekannten und neuen Aufgaben bedeutet dies, dass Sie bei einem Ergebnis von ca. 80% den zeitlichen Bedarf für die hundertprozentige Erledigung verfünffachen sollten, um eine realistische Planung zu erhalten.

Kennen Sie das? Um 100% zu erreichen, benötigen Sie um ein Vielfaches länger, weil erst nach und nach fehlende Informationen und Unvorhergesehenes auffallen.

Sie können Herrn Pareto an dieser Stelle auch anders interpretieren:
→ Wie viel Zeit darf die Tätigkeit im Verhältnis zu ihrem Nutzen maximal dauern?
→ Ab wann lohnt es sich nicht mehr?
→ Welche Zeit könnten Sie einem internen oder externen Kunden dafür wohl guten Gewissens berechnen?

> *„Arbeit dehnt sich in genau dem Maß aus, wie Zeit für ihre Erledigung zur Verfügung steht."*
> C. Northcote Parkinson

Der Aufgabenzettel sieht jetzt so aus:

A	L	T	E	N	Termin
Angebot an X	??				
Analyse von Y	5 Std.				
Präsentation Z	1 Std.				

Jetzt nehmen Sie sich ein weiteres Blatt zur Hand und teilen die große Aufgabe mit fünf Stunden Umfang in fünf einzelne Teilaufgaben von maximal einer Stunde Länge auf (die Begründung folgt nach der folgenden Grafik). Oft fallen Ihnen hierbei weitere Teilaufgaben und Teilschritte ein, die Sie vorher nicht bedacht hatten. In den meisten Fällen ergibt sich dann außerdem ein viel größerer Stundenumfang als anfänglich geschätzt. Erst beim genauen Analysieren und Herunterbrechen erkennen Sie den ganzen Zusammenhang. Manchmal sehen Sie in den Teilaufgaben auch, dass Sie für die Bearbeitung noch Infos von Kollegen benötigen. Diese können Sie jetzt direkt darauf hinweisen, auch wenn Sie die Aufgabe erst in einigen Wochen erledigen wollen. In der Zwischenzeit können sich die Kollegen dann ihre Zeit für die Zuarbeit selber einteilen.

Nehmen wir an, Sie können beispielsweise für das Angebot an X die Zeit noch gar nicht abschätzen und beschließen erst einmal, eine Stunde daran zu arbeiten, um dann besser den Verlauf und Zeitaufwand abschätzen zu können.

Für die Präsentation nehmen Sie sich nur eine Stunde Zeit. Größer sollte der Aufwand für den gewünschten Nutzen nicht sein (Pareto-Prinzip).

Ermüdungskurve bei hochkonzentriertem Arbeiten

In verschiedenen Studien hat man eine Leistungskurve im Stundenverlauf ermitteln können:

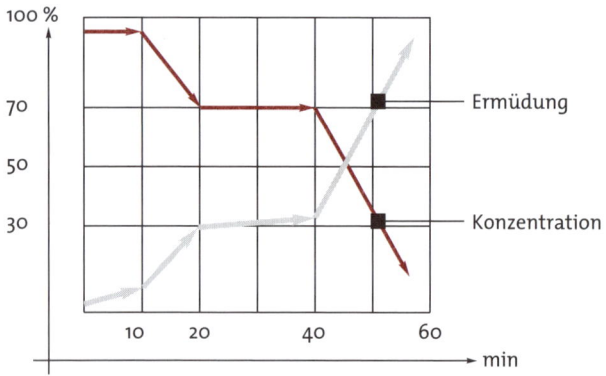

Dieser Effekt bezieht sich aber nur auf Tätigkeiten, bei denen Sie sich stark konzentrieren müssen. Wenn Sie beispielsweise Ihrem Hobby nachgehen oder ein leicht verständliches Buch lesen, einen Film gucken, dann wird Ihre Konzentration auch länger anhalten können. Oder Sie werden die Erschöpfung erst gar nicht wahrnehmen, weil

Ihnen die Beschäftigung Spaß macht. Diesen Verlauf können Sie gerade bei Besprechungen gut beobachten. Nach ungefähr einer Dreiviertelstunde kommt die Gruppe keinen Schritt mehr vorwärts und alle werden unruhig und sind unkonzentriert.

Das kennen Sie sicher von Ihrem Arbeitsplatz. Wenn Sie Aufgaben erledigen, die Sie gerne machen, dann vergeht die Zeit sehr schnell und Sie können sich sehr lange darauf konzentrieren. Wenn Sie hingegen eine Aufgabe bekommen, die Ihnen nicht liegt, dann ist die Konzentration schon nach einer Sekunde verschwunden.

Aus diesen Gründen ist es sinnvoll, seine Aufgaben in Teilaufgaben zu unterteilen, sodass nur maximal in Einstundenblöcken gearbeitet wird. Also eine Dreiviertelstunde konzentriertes Arbeiten und eine Viertelstunde für die Vor- und Nachbereitung.

Arbeitspraxis: Im Stundentakt planen

Wenn Sie Ihre Aufgaben in Teilaufgaben von maximal 1 Std. Länge planen, dann können Sie nach jeder erfolgreichen Teilaufgabe erstens eine kurze Pause machen und können sich zweitens währenddessen sicher sein, dass Sie noch genug Konzentration für die Bearbeitung der Aufgabe besitzen. Außerdem ist dieser Zeitraum für Sie gut überschaubar, sodass Sie Störungen und Kollegen um diese kurze Zeiteinheit verschieben können.

Sie werden feststellen, dass die Gesamtzeit auf eine realistische Größe ansteigt, sobald Sie anfangen, Ihre großen Aufgaben in Teilaufgaben von maximal einer Stunde zu unterteilen.

Beispiel

Wenn Sie schätzen, für ein Aufgabenpaket einen Acht-Stunden-Tag zu benötigen, wird die Summe der einzelnen Teilaufgaben sicher 10% mehr in der Summe ausmachen.

Damit sind Sie also immer zu 10 % überplant!

Je größer die einzelnen Zeiteinheiten, desto größer die Abweichung, weil Sie nicht alle kleinen Aufgaben in Gedanken berücksichtigen werden.

Sehen Sie sich doch selbst einmal eine Aufgabe, die mehrere Stunden umfasst, genau an und unterteilen diese in Teilaufgaben. Dann schätzen Sie die einzelnen Zeiten – Sie werden überrascht sein!

Um die Leistungsfähigkeit nach einer anstrengenden Aufgabe wiederherzustellen sollten Sie ...

Pausen bewusst einhalten

Je länger Sie sich konzentrieren und je größer die Erschöpfung ist (auch die emotionale), desto länger dauert auch die notwendige Erholungszeit. Ihre Pausen sollten Sie zwar aktiv verbringen, damit das Gehirn weiterhin leistungsfähig/-bereit bleibt, aber mit ganz gegensätzlichen Aufgaben füllen:

- Minipausen (machen wir oft automatisch und unbewusst)
  max. 1 Minute lang; der Arbeitsplatz wird nicht verlassen
  (aus dem Fenster schauen, durchatmen, Glieder strecken)
- kleine Pausen (sollten ca. alle 45 Minuten eingelegt werden)
  etwa 5 Minuten lang; den Arbeitsplatz verlassen, aber im Arbeitsumfeld bleiben
  (Fenster öffnen, im Raum umhergehen, Unterlagen bringen und sortieren, Kopieren gehen, Kaffee trinken, telefonieren, sich unterhalten, neu hinzugekommene E-Mails checken ...)
- Erholungspausen (sollten nach ca. 3 Stunden eingelegt werden)
  etwa 30 Minuten lang
  (Mahlzeit einnehmen, den Raum verlassen, spazieren gehen, ...)

Vielleicht kennen Sie das auch: Sie gehen in einen anderen Raum und plötzlich fällt Ihnen die Lösung für ein Problem ein, an dem Sie schon lange arbeiten. Und das, obwohl oder gerade weil Sie nicht daran gedacht haben. Bewegung fördert die Durchblutung auch im Gehirn, und das „Abschalten" bei einfachen körperlichen Aktivitäten nimmt den Zwang und Druck aus der Aufgabe. Das Gehirn kann so entspannter arbeiten und das Unterbewusstsein erreicht das bewusste Denken, sodass hier neue Ansätze zur Aufgabenbewältigung auftauchen. Untersuchungen der Universität Erlangen ergaben eine höhere Leistungsfähigkeit des Gehirns von bis zu 20 % allein durch das Kauen eines Kaugummis. Das Kauen erhöht nachgewiesenermaßen die Sauerstoffzufuhr und die Durchblutung im Gehirn.

In Ihren Arbeitsalltag sollten Sie deshalb ganz gezielt Bewegungsphasen oder Pausen mit Aktionen einplanen.

> *Zwei Männer spalteten den ganzen Tag lang Holz. Der eine arbeitet ohne Pause durch und hat am Abend einen ansehnlichen Stoß Scheite beisammen.*
>
> *Der andere hackt 50 Minuten und ruht sich dann jeweils zehn Minuten aus. Trotzdem war sein Stoß am Abend viel größer.*
>
> *„Wieso hast du mehr als ich?" fragt der Erste.*
>
> *Da antwortet sein Kollege: „Weil ich mich in jeder Pause nicht nur ausgeruht, sondern auch meine Axt geschärft habe."*
>
> (Quelle unbekannt)

Sie sehen: Das Abschätzen der Bearbeitungszeit ist an viele Parameter gebunden und sehr vielfältig. Deshalb kann bei diesem „Buchstaben" nur mit Ihren Erfahrungen aus dem täglichen Arbeitsleben eine sinnvolle Ermittlung erfolgen. Die anderen Buchstaben der ALPEN-Methode sind in der Regel aber auch einfacher umsetzbar. Einige der folgenden Punkte sind ganz „landläufig" bekannt, weil die meisten Menschen aufgrund ihrer Erfahrung ähnliche Vorgehensweisen ausprobiert oder von anderen Menschen gelernt haben.

Bitte achten Sie aber besonders auf die Unterschiede zwischen dem Ihnen Bekannten und der Darstellung hier im Buch.

3.3 T oder P = das Tagesgeschäft und Pufferzeiten berücksichtigen

Ursprünglich wurde im Zeitmanagement der Begriff „Pufferzeit" verwandt, jedoch impliziert das Wort, dass hier ein Puffer geschaffen wird, der nur zur Vorsicht hereingerechnet wird und evtl. gar nicht vonnöten ist.

Ich verändere die ursprüngliche „ALPEN-Methode" deshalb in die „Methode der weisen ALTEN". Das T steht dann für „Tagesgeschäft", also für die Aufgaben, die zwischenzeitlich ungeplant und oft unvorhersehbar im Laufe der Aufgabenbearbeitung „nebenbei" erledigt werden müssen:

→ Kurze Nachfragen an Ihrem Arbeitsplatz
→ PC-Probleme
→ Telefonate

Viele Menschen kalkulieren auch die Zeit für Unvorhergesehenes und Störungen mit ein. In fast allen Fällen benötigen sie jedoch noch viel mehr Zeitpuffer als vorgesehen. Sie rechtfertigen sich dann mit den Kollegen, Kunden und Lieferanten, welche Sie zwischendurch gestört und mit anderen Aufgaben beschäftigt haben. Viele dieser Dinge waren schließlich auch sehr wichtig und dringend zugleich. Oft machen diese Kollegen deshalb Überstunden, um die zeitlichen Zusagen noch annähernd halten zu können. Die Frage, die oft nicht gestellt wird, lautet: „Wenn Sie wissen, dass Ihnen immer wieder etwas dazwischen kommt, warum rechnen Sie diese Zeit nicht prozentual dazu?"

Aus der Erfahrung der letzten Jahre finden Sie sicherlich einen realistischen Wert. Auch wenn Sie zur Erkenntnis kommen, dass nur die Hälfte Ihres Tages verplant werden kann. Dann ist das auf den ersten Blick eben so.

Wenn Sie eine Aufgabe analysiert haben und schätzen, dass Sie ungefähr eine Stunde für die Erledigung benötigen, rechnen Sie eine weitere Stunde Tagesgeschäft und Pufferzeit hinzu.

→ **eine Stunde Aufgabenzeit + eine Stunde Tagesgeschäft = in zwei Stunden fertig**

Auf diese Weise können Sie aber schließlich garantieren, in der geschätzten Zeit auch fertig zu werden.

Natürlich wird es auch Tage geben, an denen Sie kaum Pufferzeiten für Ihr Tagesgeschäft benötigen. Im Mittel wird es aber durch die Tage, an denen alles drunter und drüber geht und Sie nur „Feuerwehr spielen", wieder passen. Wenn Sie mit einer Aufgabe früher fertig sind, dann starten Sie schon mit der nächsten. Vielleicht ist das eine gute Vorarbeit für den chaotischen, nächsten Tag.
Natürlich dauern die Aufgaben jetzt viel länger, als sie es einzeln betrachtet eigentlich dürften.
Auf diese Weise sind Sie aber nicht zeitlich überplant.

Wenn Sie die folgende Grafik als Beispiel für 100% Ihrer Tagesaufgaben sehen: Zu wie viel Prozent schlägt Sie bei Ihnen zur einen Seite aus und was verbleibt dann noch, als Konsequenz, an Zeit auf der anderen Seite?

T ODER P = DAS TAGESGESCHÄFT UND PUFFERZEITEN BERÜCKSICHTIGEN

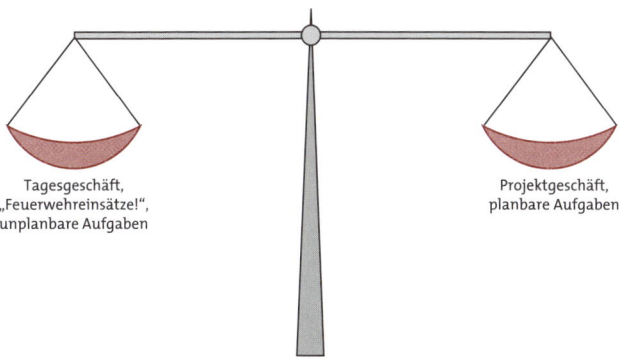

Tagesgeschäft, „Feuerwehreinsätze!", unplanbare Aufgaben

Projektgeschäft, planbare Aufgaben

Wie halten Sie es mit Ihrem Tagesgeschäft? Rechnen Sie es anteilig mit dazu? Sind Sie dauernd überplant?

> **→ Aufgabe: Pufferzeiten**
>
> *Bitte überlegen Sie: Wie viel Prozent Ihres Tages halten Sie aus ihrer Erfahrung für verplanbar und wie viel Prozent sollten Sie für kurzfristige, spontane Aufgaben täglich vorsehen? Natürlich darf die Summe 100% nicht übersteigen. Notieren Sie hier Ihre erste grobe Schätzung.*
>
> *Im Durchschnitt sind bei mir planbar: %*
>
> *Völlig unplanbar sind aber hingegen: %*
>
> *Im Laufe der Zeit werden Sie mit jeder Nachkontrolle Ihrer Aufgabenplanung (siehe Kapitel 3.5) in der Abschätzung genauer.*

Die Aufgabenliste wird also um das Tagesgeschäft erweitert:

A	L	T	E	N	Termin
Angebot an X	??	50 %			
Analyse von Y	5 Std.	1 Std.			
Präsentation Z	1 Std.	10 Mln.			

Weil wir für die erste Aufgabe noch keine Vorstellung hatten, wie lange diese dauert, notieren wir als Hinweis schon einmal 50% Tagesgeschäft. Wenn Sie anschließend feststellen, dass die Angebotserstellung drei Stunden dauert, beträgt das Tagesgeschäft (Pufferzeiten) also weitere drei Stunden.

Während der Analyse von Y nehmen Sie sich vor, keine Unterbrechungen zuzulassen, weil diese Aufgabe sehr wichtig und schwierig ist. Außerdem müssten Sie sonst immer wieder von vorne anfangen und die Fehlerwahrscheinlichkeit wäre enorm hoch. Daran werden Sie also nur zu Zeiten der A- und B-Prioritäten arbeiten und das Telefon umstellen bzw. sich in einen ruhigen Raum begeben.

Die Erstellung der Präsentation darf – so legen wir hier einfach einmal fest – nicht mehr als zehn Minuten länger dauern, sonst wäre dies für den gedachten Effekt eine Zeitverschwendung.

Wie Sie sehen, werden Sie durch das Tagesgeschäft oft während der Arbeit gestört und benötigen immer eine kurze Einarbeitungszeit, um den roten Faden wieder aufnehmen zu können. Dieses Phänomen ist bekannt als

der Sägeblatt-Effekt bei Störungen und Unterbrechungen.

Häufige Pausen, Störungen und Unterbrechungen führen dazu, dass Sie sich immer wieder neu hineindenken und vor allem motivieren müssen. Damit verbunden ist außerdem auch ein Zeitverlust. Die Leistungsfähigkeit nimmt auf Dauer ab.

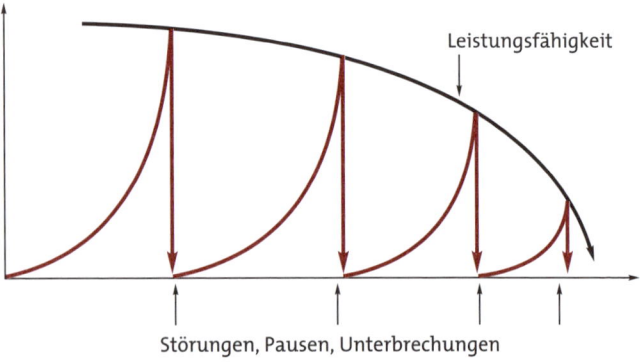

Im Extremfall führt dieser Effekt dann dazu, dass die Leistungsfähigkeit kaum mehr gegeben ist.

Vielleicht kennen Sie das selbst: Zu manchen Zeiten folgt eine Störung auf die nächste; kaum sind Sie wieder eingearbeitet und haben sich in eine Aufgabe vertieft, den roten Faden wiedergefunden oder Sie wissen, wo Sie weitermachen wollten, werden Sie erneut unterbrochen.

Während der Bearbeitung von Aufgaben werden wir oft gestört. Manchmal lassen wir uns auch gerne ablenken, weil wir eine kurze Pause benötigen, keine Motivation für die Aufgabe haben und weil wir beliebt sein wollen. Etliche Kollegen unterbrechen ihre Arbeit sofort, wenn ein Kollege etwas von ihnen möchte. Das bringt weder dem Rat suchenden Kollegen noch dem Unternehmen etwas, weil nun beide aus ihrer Arbeit und Konzentration herausgerissen wurden.

In vielen Fällen führt es dazu, dass die betroffene Person nur noch auf die nächste Störung wartet, weil sie genau weiß, dass ein Einarbeiten und ein Wiederaufnehmen der Tätigkeit keinen Sinn und Erfolg hätte. Negative Gedanken und Gefühle (sich ärgern über die Störung) lenken dann zusätzlich noch von der Arbeit ab. Ihre Kollegen oder Vorgesetzten werden die Unterbrechungen durch das Tagesgeschäft und den dadurch entstehenden Sägeblatt-Effekt sicherlich auch schon kennen – sprechen Sie sie einfach einmal darauf an.

→ Aufgabe: Bitte nicht stören

Bitte nehmen Sie sich ein Blatt und sammeln Sie auf der linken Seite Einflüsse, die Ihre Aufgabenbearbeitung stören. Wenn Ihnen während des Schreibens schon Lösungsmöglichkeiten einfallen, dann notieren Sie diese sofort auf der rechten Seite. Ansonsten sammeln Sie auf der linken Seite alles, was Ihnen dazu einfällt.

Im nächsten Schritt nehmen Sie sich dann nur die Punkte vor, bei denen Sie entweder selbst den größten Einfluss haben oder die größte Zeit- bzw. Ärgerersparnis sehen. Überlegen Sie bitte sehr konkret, wie Sie die Punkte entweder zeitlich (oder auf ein anderes Medium) verschieben können.

Ein komplettes Vermeiden wäre natürlich anzustreben, in der Praxis aber schwierig umsetzbar.

Welche Einflüsse unterbrechen Ihre Arbeit, Ihren Ablaufplan?	Wann und wie könnten Sie diese Störungen verhindern bzw. vermeiden?

Nun tragen Sie bitte in der Situationsanalyse aus Abschnitt 1.3 in der Spalte „E/F" ein, ob es sich bei der Störung um eine Fremdstörung (F) oder um eine Eigenstörung (E) handelt.

Oft verursachen wir Störungen selbst, indem wir z. B. länger arbeiten als die Konzentration dieses erlaubt. In der Folge sind wir Störungen und Ablenkungen gegenüber offener – also eine Eigenstörung. Manchmal werden Aufgaben nicht „richtig" delegiert, sodass die ausführende Person Rückfragen stellen muss – auch eine Eigenstörung. In einigen Fällen ist die Einteilung der Aufgaben im Tag nicht gelungen, sodass wir zu störungsreichen Zeiten keine hochkonzentrierten Aufgaben schaffen – auch eine Eigenstörung, weil trotz dieser Störungen Kleinkram-Aufgaben evtl. durchführbar gewesen wären.

→ **Versuchen Sie, sich mindestens eine Stunde am Tag für hochkonzentriertes Arbeiten dauerhaft zu reservieren.**

Achten Sie dabei auf Ihre persönliche Leistungsfähigkeit und darauf, dass in dieser Stunde nicht zu viele Störungen verschoben oder verhindert werden müssen. Regeln Sie mit Ihren Kollegen für diese Zeit, wie die ankommenden „Störungen" aufgenommen werden sollen, und bei welchen Angelegenheiten Sie doch unterbrochen und informiert werden wollen. Planen Sie diese Stunde als Serientermin im Kalender ein, damit Sie diese Zeit ganz bewusst für sich freihalten oder bei anderen Tätigkeiten diese Zeit aktiv auf einen anderen Zeitraum verlegen.

Reservieren Sie für Ihre A- und B-Aufgaben also Zeitblöcke, an denen Sie sich nicht stören lassen. Legen Sie diese Tätigkeiten deshalb in Tageszeiten, an denen erfahrungsgemäß sowieso schon weniger Störungen auftreten. Es wird leichter sein, einige wenige Störungen zu vermeiden bzw. zu bearbeiten, als andauernd unterbrochen zu werden. Wenn Sie hingegen den ganzen Tag über ein gleichmäßiges Störfeuer haben, aber eine ruhige Zeit zum konzentrierten Abarbeiten trotzdem nötig ist, dann legen Sie die A-Zeit doch in Ihren Vormittag. Wenn Sie diese Zeit täglich als Serientermin im Kalender eintragen und sich daran halten, dann wird der Zeitraum erstens Ihnen zur Gewohnheit und auch Ihre Kollegen wissen, wann Sie mal nicht ansprechbar sind. Das bedeutet auch, die Angewohnheit der „offenen Tür" für diese Zeit aufzuheben. Wenn Sie in der Mittagspause oder einer Besprechung sind, dann sind Sie schließlich auch nicht zu erreichen.

Arbeitspraxis: Farbige Blätter bei Störungen

In Griffweite legen Sie sich farbige DIN-A4-Blätter hin. Wählen Sie eine Farbe, die an Ihrem Arbeitsplatz keine Bedeutung hat, sodass es zu keinen inhaltlichen Verwechslungen kommen kann. Bewährt haben sich Farben, die trotzdem ins Auge fallen, zum Beispiel mintgrün, rosa, hellblau, etc.

Sobald eine Unterbrechung oder Störung eintritt, nehmen Sie sich ein Blatt von dem Stapel, legen es quer vor sich hin und notieren stichwortartig oder in kurzen Sätzen, wo Sie gerade stehen geblieben sind. Sie notieren das Zwischenergebnis und eventuell noch, was Sie als Nächstes machen wollten, welche Schritte anstehen werden.

Auf diese Weise notieren Sie den roten Faden und können hinterher leichter wieder in die Aufgabe einsteigen.

Wenn Sie am Computer arbeiten, dann legen Sie die farbigen Blätter, die auf diese Art und Weise entstehen, zum Beispiel unter die Tastatur. So haben Sie die Notizen zu den unterbrochenen Aufgaben direkt beim entsprechenden Medium. Wenn Sie beispielsweise gerade bei einer technischen Zeichnung unterbrochen wurden, symbolisiert das farbige Blatt Ihren Monitor. Wenn Sie also bei einem Bauteil rechts oben auf dem Monitor zum Beispiel den Bauraum bestimmen wollten, können Sie auf dem farbigen Blatt rechts oben genau diesen Hinweis notieren.

> Auf diese Art und Weise erkennen Sie sofort, während Sie auf das farbige Blatt gucken, wo Sie bei der Skizze auf dem Monitor aufgehört haben und was sie dort machen wollten.
>
> Wenn Sie gerade mit Unterlagen aus Papier gearbeitet haben, lassen Sie das farbige Blatt einfach quer darauf liegen oder heften es eben schnell quer in einem Ordner ab. So finden Sie auch in einem geschlossenen Ordner den Stopp der Bearbeitung durch die Unterbrechung schnell wieder, weil das farbige Blatt an einer Seite aus dem Ordner herausragt.

Viele Dinge gleichzeitig erledigen zu können bzw. zu wollen und dabei von einem Thema zum nächsten springen – das gilt Vielen als „chaotisch". Andere bezeichnen dasselbe Verhalten hingegen als „multitaskingfähig".

Welchen Eindruck hätten Sie aber, wenn Sie als Kunde vor Ort wären und Ihr Ansprechpartner würde mitten im Gespräch an das klingelnde Telefon gehen oder E-Mails beantworten? Hätten Sie nicht auch das Gefühl, dass die Konzentration bei Ihrem Termin darunter leiden würde?

Wenn Sie beispielsweise versuchen, zwei Aufgaben parallel zu erledigen, müssen Sie schließlich Ihre 100%-Leistungsfähigkeit auf zweimal 50% verteilen. Also werden Sie bei keiner der beiden Aufgaben gedanklich voll arbeiten können. Aus diesem Grund ist es auch während der Einzelarbeit sinnvoll, sich immer nur ganz auf die gerade anstehende Aufgabe zu konzentrieren.

Es gibt etliche Untersuchungen, in denen Psychologen und Neurowissenschaftler nachweisen, dass das Multitasking-Verhalten zu einer schnelleren (auch emotionalen) Erschöpfung und zu vielen Fehlern führt.

> Zur Einführung des ersten multitaskingfähigen Betriebssystems Windows soll Bill Gates scherzhaft gesagt haben:
> *„Ab jetzt können mehrere Programme gleichzeitig abstürzen."*

→ Aufgabe: Ihre individuelle Störkurve

Bitte tragen Sie in der folgenden Grafik den durchschnittlichen Verlauf der aufkommenden Störungen ein.

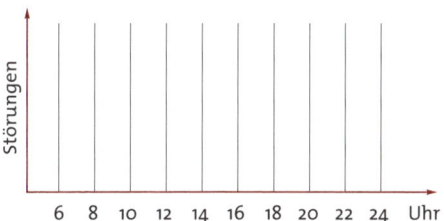

Können Sie eventuell auch qualitative Unterschiede erkennen? Gibt es Zeiten mit vielen Störungen, die dann aber qualitativ nicht so entscheidend sind? Sehen Sie auch Unterschiede zwischen den einzelnen Wochentagen? Verläuft die Kurve am Montag anders als am Freitag?

_____
_____
_____
_____

3.4 E = Entscheidungen über die Bearbeitung treffen

Mithilfe der ABC-Analyse treffen Sie an diesem Punkt die Entscheidung, wie mit der Aufgabe umgegangen werden soll.

Zur Erinnerung:

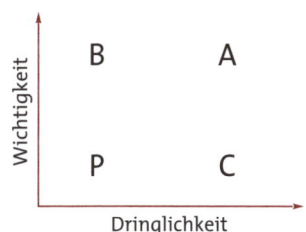

A-Aufgaben konzentriert bearbeiten

Weil diese Aufgaben oft kurzfristig kommen, reservieren Sie sich doch vorsorglich einen Teil Ihrer Wochenstunden für diese spontanen Aufgaben. Bilden Sie bewegliche Blöcke im Kalender (siehe Beispiel). Wenn Sie aus der Erfahrung wissen, dass der Kunde oder Vorgesetzte täglich ein bis zwei Stunden für wichtige, kurzfristige Arbeiten von Ihnen benötigt, dann blocken Sie sich im Kalender diese Zeiten. Sie wissen zwar nicht, wann im Laufe des Tages die Anfrage kommt, haben aber einen entsprechenden Zeitpuffer eingeplant. So können Sie bei der Planung Ihrer Projektaufgaben und Besprechungen immer täglich diesen Zeitraum flexibel verschieben und freihalten.

B-Aufgaben im Kalender planen

Wenn es sich um eine größere Aufgabe handelt, die noch Zeit hat und mehr als zwei Stunden Zeit für die Erledigung benötigt, dann nehmen Sie sich ein DIN-A4-Blatt und schreiben diese Aufgabe auf. Im nächsten Schritt unterteilen Sie die große Aufgabe in Teilaufgaben bzw. Teilschritte mithilfe der ALPEN-Methode.

Die Aufgabenliste von Ihnen sieht jetzt so aus:

A	L	T	E	N	Termin
Angebot an X	??	50 %	B7		
Analyse von Y	5 Std.	1 Std.	B37		
Präsentation Z	1 Std.	10 Mln.	C		

In unserem Beispiel nehmen Sie also jetzt für die erste Zeile ein gesondertes Blatt (oder eine Excel-Tabelle), welches Sie mit der Überschrift B7 versehen. Dann notieren Sie hier alle Teil- und Unteraufgaben vom „Angebot an X".

Sie werden beim Notieren feststellen, dass es Ihnen viel leichter fällt, die einzelnen, kleinen Aufgabenbausteine zeitlich einzugrenzen als die Gesamtaufgabe. Das ist der erste wichtige Effekt.

Der zweite Effekt wird sein, dass Sie sofort erkennen, welche Teilaufgaben in welcher Reihenfolge erledigt werden müssen. Diese können

Sie am Schluss dann einfach dem Ablauf nach durchnummerieren. Bei der Bearbeitung der großen Aufgabe B7 fangen Sie also mit B7.1 an und machen mit B7.2 und dann B7.3 weiter.

Genauso verfahren Sie anschließend mit der zweiten Zeile „Analyse von Y", als Beispiel notiert wie folgt:

Beispiel zur Aufgabengliederung	
B37 „Analyse von Y" / Abgabe (Datum)	
Zeiteinheit	Arbeitsschritt
5	Daten grafisch aufbereiten
1	Infos von A
2	Daten zusammenstellen
4	Rücksprache mit G
3	Vergleich mit vorheriger Analyse
6	Präsentation erstellen

Wenn Sie wollen, können Sie auch für jede Teilaufgabe die Pufferzeit getrennt festlegen. Oft gibt es in diesen Teilaufgaben unterschiedliche Unterprioritäten: Manche Unteraufgaben können Sie nebenbei erledigen (Priorität C) und für manche benötigen Sie mehr Konzentration oder diese sind neu (A-Priorität). Entsprechend planen Sie vom Abgabetermin rückwärts diese Teilaufgaben im Kalender ein (siehe Kalenderblatt auf Seite 64/65).

Sie haben nun also neben Ihrer eigentlichen Aufgabenliste, welche einen Überblick über alle Aufgaben darstellt, parallel noch einige „B-Zettel" (Projekt-Aufgabenlisten) zu pflegen. Diese Aufgabenlisten heften Sie entweder im entsprechenden Ordner ab oder Sie legen sich eine Mappe dafür an.

Die Arbeitsweise soll in einem detailliert ausgeführten Beispiel sehr konkret beschrieben werden. Das Kalenderblatt auf Seite 64/65 zeigt die zugehörige Wochenansicht, anhand derer Sie die Beschreibung verfolgen können. Schlagen Sie also bitte beim Lesen die Daten immer parallel nach.

DIE METHODE DER „WEISEN ALTEN" IN DEN „ALPEN"

E = Entscheidungen über die Bearbeitung treffen

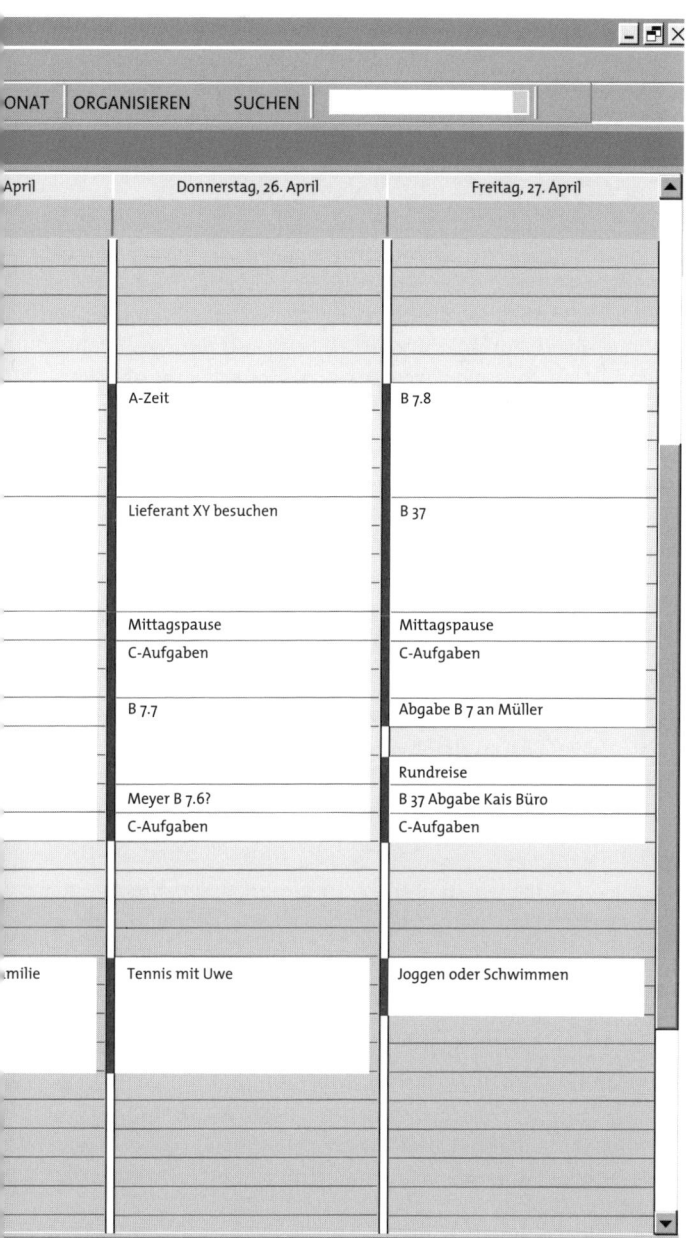

Arbeitspraxis: Kalenderplanung

Wählen wir Herrn oder Frau S. als Protagonisten. S. ist am Montagmorgen seit 7:30 Uhr am Arbeitsplatz und hat die E-Mails kurz überflogen sowie die Aufgabenliste durchgesehen.

Erste Aufgabe nach Planung

Der Kalender weist auf die Bearbeitung der geplanten Teilaufgabe B 7.1 hin. S. nimmt sich den entsprechenden B 7-Zettel mit dem kleinen Projektplan und kann sofort erkennen, was jetzt zu tun ist. Nach der Bearbeitung dieser schwierigen Teilaufgabe prüft er/sie kurz, ob die Zeit und die prozentuale Berücksichtigung der Pufferzeit richtig eingeschätzt worden waren. Weil er/sie vor Jahren beschlossen hat, sich vormittags nicht stören zu lassen, war bewusst kein Tagesgeschäft gedanklich hinzugerechnet worden.

Besprechung nach Termin, der überzogen wird

Danach beginnt die Projektbesprechung. Angenommen, diese Besprechung dauert eine halbe Stunde länger als geplant. S. hat zwar bereits Wegezeiten und Verspätungen mit in die Gesamtdauer hineingerechnet, aber die Gruppe benötigt diese halbe Stunde, um zu einem vernünftigen Ergebnis zu kommen.

Kurzfristig neue Aufgabe

Unterwegs vom Meeting zum Büro wird S. von einem Kollegen angesprochen, der um eine Zuarbeit bis morgen bittet. S. notiert die Aufgabe im Notizblock und geht nach der ALPEN-Methode vor, um Fragen direkt vor Ort beim Aufschreiben stellen zu können.

Planung der neuen Aufgabe nicht zulasten der Erholung

Zurück am Arbeitsplatz überlegt S., welche Konsequenzen die längere Besprechung und die kleine Aufgabe vom Kollegen haben.

S. beschließt, heute trotzdem pünktlich zu gehen, um nicht zu spät zum Tennis zu kommen und trotz allem noch Zeit mit den Kindern verbringen zu können. Als Ausgleich verschiebt S. die eingetragene „Rundreise" (im Kalender und nicht nur im Kopf) durch die Abteilungen auf morgen von 15:00 – 15:30 Uhr.

Die Anfrage des Kollegen bearbeitet S. direkt morgen früh als Erstes, im Gegenzug wird die A-Zeit um eine Stunde verkürzt. Um an die Aufgabe zu denken, trägt sich S. ein Stichwort im Kalender von 8:00 – 9:00 Uhr ein.

Abarbeiten von C-Prioritäten gezielt im Leistungstief

Nach dem Mittagessen (Leistungstiefpunkt!) sichtet S. planmäßig nur den Kleinkramzettel und erledigt flott die C-Prioritäten und auch die entsprechenden E-Mails. Danach folgt die Teilaufgabe B 37 – diese ist reine Routine, sodass Störungen dies nicht so stark beeinflussen. Deshalb ist hier die zusätzliche Pufferzeit/das prozentuale Tagesgeschäft geringer berücksichtigt als zuvor bei der schwierigen Aufgabe am Morgen.

Alternativen bei unvorhergesehenen Anforderungen

Natürlich können Sie diese A-Prioritäten nicht immer vorhersehen. Die Erfahrungen der letzten Jahre können Sie jedoch nutzen und täglich ein bis zwei Stunden für diese kurzfristigen A-Aufgaben am Tag freihalten. Es kommt immer etwas Wichtiges!

Wenn eine kurzfristige Aufgabe dazwischenkommt (z.B. Kunde will kurzfristig Termin), kann S. zuerst die reservierten A-Zeiten dafür nutzen. Oder die geplanten B-Blöcke lassen sich verschieben. Im Beispiel ist die Aufgabe B 5 erst in ein paar Wochen abzugeben. Die Teilaufgaben sind schon regelmäßig vorher eingeplant (B 5.5 am Dienstag), aber diese Arbeit kann bewusst verschoben werden, um am Dienstag den kurzfristigen Termin wahrzunehmen.

Lösungen außerhalb der Zeitplanung

Falls keine Verschiebung mehr möglich sein sollte, weil auch die anderen Wochen voll geplant sind, kann eine Lösung außerhalb der eigenen Zeitplanung gesucht werden: Mit den Kollegen oder dem Vorgesetzten über die Verschiebung von Abgabeterminen reden, evtl. Teilaufgaben delegieren, einen weniger wichtigen Termin absagen (z.B. den am Donnerstag eingetragenen), einen Kollegen anfragen, ob er diesen Termin übernehmen könnte. Es geht darum, auf jeden Fall schnell handlungsfähig und flexibel zu bleiben, wenn weitere Aufgaben kommen.

Vorteil der detaillierten Arbeit mit dem Kalender

Mit dieser Art der Kalenderführung sieht man immer, welche Auswirkungen Verzögerungen, weitere Arbeitspakete, Verspätungen usw. auf die weiteren Termine und auf die Aufgabenbewältigung haben.

Natürlich lässt sich der Einwand formulieren: „Wie soll ich jemanden bei dieser Kalenderführung noch zu einer Besprechung einladen können?"

Das muss und kann berücksichtigt werden, aber nicht, indem Sie ins andere Extrem verfallen. Dieses sieht so aus, dass im Kalender nur fixe Abgabetermine, Besprechungen, Kundentermine, externe Termine etc. notiert sind. Somit gibt es auch sicherlich Tage, an denen der Kalender leer sein wird. Was macht der Betreffende dann? Natürlich wird er seine Aufgaben abarbeiten oder durch das Tagesgeschäft werden an diesem Tag Aufgaben auf ihn zukommen. Nur: Woran sieht der Betreffende, dass die Aufgaben, die er noch erledigen muss, an diesem Tag und in den übrigen Kalenderfreiräumen zu schaffen sind? Angenommen, jemand würde eine Besprechungseinladung versenden und der Kalender hätte an diesem Tag noch keinen Eintrag: Wie groß wäre die Versuchung, dieser Einladung zuzustimmen, ohne die Folgen für die noch zu erledigenden Aufgaben abschätzen zu können?

Natürlich kann es auch sein, dass Sie trotz guter Planung Ihre Ziele nicht erreichen oder dass Sie oft umplanen müssen. Aber was wäre die Alternative? Sie kann nicht lauten, ohne Planung zu arbeiten!

→ **Wenn Sie ein längerfristiges Projekt haben, empfiehlt es sich, vom Endtermin her rückwärts zu planen.**

> → **Aufgabe: Kalenderführung**
>
> *Nehmen Sie Ihren Kalender zur Hand bzw. öffnen Sie Ihr Kalenderprogramm und planen Sie die großen, anstehenden Aufgaben als Blöcke in den nächsten ein bis zwei Wochen. Was fällt Ihnen auf?*
>
> _____
> _____
> _____

> *„Gegenüber der Fähigkeit, die Arbeit eines einzigen Tages sinnvoll zu ordnen, ist alles andere im Leben ein Kinderspiel."*
> Johann Wolfgang von Goethe

C-Aufgaben minimieren

Legen Sie sich z.B. einen „Kleinkram-Zettel" für das Aufschreiben von solchen Kleinigkeiten immer in Griffweite (oder nutzen Sie eine entsprechende Datei, die auf dem Desktop Ihres Rechners steht). Sobald Sie eine aktive Pause (nach einer A-Aufgabe) benötigen, Sie noch einige Minuten Zeit bis zu einer Besprechung haben oder sich nicht konzentrieren können, nehmen Sie diesen Kleinkram-Zettel zur Hand und bearbeiten die dringendsten Punkte davon. Die anderen C-Aufgaben erledigen Sie dann erst in der nächsten Phase der Unkonzentriertheit oder wenn es sich gerade nicht lohnt, eine große Aufgabe anzugehen.

Diese C-Prioritäten sind oft Aufgaben, die keine hohe Konzentration erfordern oder deren Nutzen im Verhältnis zum Aufwand sehr gering ist. In vielen Fällen reicht eine kurze, handschriftliche Notiz oder eine knapp geschriebene E-Mail, ein kurzes Telefonat oder auch eine Erledigung in Zeiten, in denen viele Störungen auftreten.

Wenn Sie viele C-Aufgaben haben, die erst in den nächsten Tagen oder Wochen anfallen werden oder zurzeit noch nicht dringend sind, aber trotzdem die Kategorie „Kleinkram" stark anfüllen, kann es hilfreich sein, je Kalenderwoche einen einzigen Zettel zu nehmen und diesen den Arbeitstagen entsprechend fünfmal zu unterteilen.

Statt „Schmierzettel" taugt ein Papierkalender, in welchen Sie an den entsprechenden Tagen die jeweils dringlichen C-Aufgaben eintragen. Sie können sich natürlich auch im elektronischen Kalender zu einer bestimmten Zeit für diesen Tag die C-Aufgaben notieren, beispielsweise immer nach dem Mittagstisch oder kurz vor Feierabend.

Es ist nur konsequent, C-Aufgaben erst zu erledigen, wenn sie dringlich sind. Wenn also ein Kollege Sie bittet, bis nächsten Mittwoch eine Sache zu erledigen und Sie diese als Kategorie C priorisieren, dann könnten Sie diese Aufgabe für den nächsten Dienstag kurz vor Feierabend mit einem Stichwort im Kalender notieren. Auf diese Weise vergessen Sie diese Aufgabe nicht und haben direkt durch den Eintrag im Kalender festgelegt, dass Sie diese Aufgaben nicht erledigen werden, solange Aufgaben mit höherer Priorisierung anstehen.

Es ist oft zu beobachten, dass Menschen C-Aufgaben („Kleinkram") sofort erledigen, damit diese nicht vergessen werden und weil sie ja „schnell gemacht" sind. Das führt aber dazu, dass oft viel zu viel Zeit für kleine Aufgaben verwendet wird, die nicht zwangsweise sofort erledigt werden müssen. Große bzw. wichtige Aufgaben, und Aufgaben, bei denen der Nutzen höher ist, bleiben darüber dann oft liegen.

> **Arbeitspraxis: Arbeitsblöcke für E-Mails, Telefonate und Kleinkram planen**
> Legen Sie gleiche oder ähnliche Tätigkeiten der Priorität C zu Blöcken zusammen. Auf diese Weise werden Sie nicht bei Ihren A- und B-Prioritäten unterbrochen. Wegen der hinzukommenden Vor- und Nachbereitung dauern fünfmal 5 Minuten Telefonate oder E-Mails immer länger als ein zusammenhängender Zeitblock von einmal 25 Minuten. Außerdem können Sie diese zusammengefassten Kleinigkeiten - wie schon angesprochen - gut im Mittagstief oder als aktive Abwechslung nach einer großen Aufgabe erledigen.

C-Aufgaben delegieren

In meinen Seminaren erhalte ich bei diesem Thema oft den Einwand: „Ich bin keine Führungskraft – ich kann nichts delegieren."
Das ist ein weitverbreiteter Irrtum!

Denn überall in Teams wird auch an Kollegen delegiert. Auf dem kleinsten Nenner findet bereits Delegation statt, wenn man die Kollegen für Freundschaftsdienste nutzt. Das schafft keine zusätzlichen Kapazitäten, weil Sie im Gegenzug Ihrerseits Freundschaftsdienste ausführen werden. Aber es hilft, Engpässe zu überbrücken und Freiräume zu gewinnen, wenn A-Aufgaben drängen. Außerdem delegieren Sie sicher auch Aufgaben, wenn Ihnen für etwas notwendige Fähigkeiten und Kenntnisse fehlen und Sie deshalb ein Vielfaches länger als Ihre Kollegen benötigen würden.
Sicherlich wird aber bei diesem Thema immer zuerst an Führungskräfte gedacht, die etliche Aufgaben sinnvollerweise delegieren, sofern sie nicht der Meinung sind, sie müssten alles selbst erledigen, weil nur dann die Arbeit zum richtigen Ergebnis führen wird. Wenn es Ihre Position oder Funktion erlaubt zu delegieren, dann verschaffen Sie sich dadurch nicht nur Zeit für Ihre wichtigen A- und B-Prioritäten, sondern nutzen Sie diese Möglichkeit auch, um Ihre Mitarbeiter dadurch zu fördern.
Natürlich sollten Sie sich gut überlegen, welche Person Sie mit der Aufgabe fordern oder überfordern. Geben Sie neben der Aufgabe

auch den Handlungs- und Entscheidungsspielraum vor, damit die Person nicht bei jedem kleinen Problem und bei jeder Schwierigkeit bei Ihnen nachfragen muss.

Manche Aufgaben werden auch der Priorität C zugeordnet, weil die Erfordernis, dass die Tätigkeit von einem selbst erledigt wird, gering ist, die Tätigkeit selbst aber objektiv sehr dringend ist. Es kann also sein, dass
→ Sie nicht dafür zuständig sind,
→ Sie nur aus Gewohnheit diese Aufgabe machen, aber eigentlich jemand anderes dafür geeigneter wäre,
→ Sie Teilaufgaben an Fachleute delegieren könnten,
→ Sie einfachere Möglichkeiten zur Bearbeitung als der Auftraggeber sehen,
→ Ihnen das Ziel oder die Aufgabe nicht klar ist.

Das muss bei einer Delegation in jedem Fall vermieden werden:
→ Aufgaben abgeben, die Ihnen nicht gefallen
→ vertrauliche und disziplinarische Angelegenheiten weitergeben
→ Delegation Ihrer Kernaufgaben (A- und B-Priorität) – dafür wurden Sie eingestellt
→ Rückdelegation durch die Mitarbeiter/Kollegen

Das muss bei der Delegation immer beachtet werden:
→ Was genau erwarten Sie und wie werden Sie das Ergebnis messen bzw. bewerten?
→ Schaffen Sie eine klare Vorstellung und erläutern Sie genau, was Sie wünschen.
→ Erklären Sie den Hintergrund und den Sinn der Aufgabe.
→ Bitten Sie darum, die Anweisung in eigenen Worten wiederzugeben oder bleiben Sie bei den ersten Schritten als Unterstützung in der Nähe.
→ Geben Sie alle Informationen und Unterlagen weiter und klären Sie, wer noch über die Arbeit informiert werden muss.
→ Legen Sie einen verbindlichen Abgabetermin fest und besprechen Sie die Planung der einzelnen Teilaufgaben.
→ Vereinbaren Sie regelmäßige Kontrollen/Zwischenstände. Beachten Sie: Lob aussprechen können und dürfen Sie auch vor anderen – kritisieren aber nur unter vier Augen!

Wenn Sie sich entschieden haben eine Aufgabe zu delegieren, dann nutzen Sie zur Vorbereitung die folgende Checkliste.

Nutzen Sie die W-Fragen, um Aufgaben vorzubereiten und um bei der Weitergabe nichts zu vergessen. Die „Unterfragen" in der Checkliste dienen nur zur Erklärung und Unterstützung, sie müssen aber nicht alle beantwortet werden.

Wenn Sie hingegen selbst Aufgaben delegiert bekommen, dann können Sie die Liste auch nutzen, um den Arbeitsauftrag zu analysieren und abzusichern.

Delegations-Checkliste

✓ **WER soll es tun? (Person)**
- Wer ist geeignet, diese Aufgabe oder Tätigkeit auszuüben?
- Ist der Betreffende verfügbar?
- Wer soll bei der Ausführung mitwirken?

✓ **WIE soll es gemacht werden? (Details)**
- Wie soll bei der Ausführung vorgegangen werden?
- Welche Vorschriften und Richtlinien sind zu beachten?
- Welche Stellen/Abteilungen sind zu informieren?
- Welche Kosten dürfen entstehen?

✓ **WAS soll getan werden? (Inhalt)**
- Was ist überhaupt alles zu tun?
- Welche Teilaufgaben sind im Einzelnen zu erledigen?
- Welches Ergebnis wird angestrebt?
- Welche Abweichungen vom Soll können in Kauf genommen werden?
- Welche Schwierigkeiten sind zu erwarten?

✓ **WARUM soll es getan werden? (Ziel)**
- Welchem Zweck dient die Aufgabe oder Tätigkeit (Motivation, Zielsetzung)?
- Was passiert, wenn die Aufgabe nicht oder nur unvollständig ausgeführt wird?

✓ **WOMIT soll es gemacht werden? (Mittel)**
- Welche Hilfsmittel sollen eingesetzt werden?
- Welche Unterlagen werden benötigt?

✓ WANN soll es erledigt sein? (Termin)

- Wann soll/muss mit der Arbeit begonnen werden?
- Wann soll/muss die Arbeit abgeschlossen sein?
- Welche Zwischentermine sind einzuhalten?
- Wann will ich über den Fortschritt der Aufgabe informiert werden?
- Wann muss ich was kontrollieren, um gegebenenfalls einzugreifen?

Arbeitspraxis: Fragen stellen, um Aufgaben zu klären

Es gibt keine dummen Fragen, nur dumme Menschen, die nicht fragen! Je mehr Fragen Sie bei der Aufgabenklärung stellen, desto besser und schneller klappt das Bearbeiten hinterher.

Wenn Sie selbst delegieren, dann fordern Sie die Mitarbeiter auf Fragen zur delegierten Aufgabe zu stellen. Bitten Sie darum, die Aufgabe kurz so zu wiederholen, wie sie verstanden wurde. Dieses sinngemäße Wiederholen führt dazu, dass die Person die Aufgabe noch einmal durchdenkt und so auf eventuelle Lücken aufmerksam wird.

In vielen Berufen, in denen es auf eine lebenswichtige Delegation von Aufgaben ankommt, muss der „Befehl" zum Beispiel wortwörtlich wiederholt werden (Operationssaal, Feuerwehr etc.)

Natürlich muss man die delegierten Aufgaben im Blick behalten und kontrollieren. Eine Möglichkeit könnte eine Excel-Tabelle nach folgendem Muster sein:

Wer macht	was	mit wem	bis wann	mit dem Ziel	Kontrolle	Erledigungsgrad	Info an

Wenn Sie diese Excel-Tabelle jeden Morgen sichten, dann können Sie rechtzeitig die Kollegen und Mitarbeiter ansprechen und den Erledigungsgrad abfragen. Bitte denken Sie daran, am Anfang bereits nach kurzer Zeit nachzufragen. Die Aufgabenerlediger erhalten dann, gerade bei unbekannten oder für sie neuen Aufgaben, oft eine Zeitersparnis, wenn nochmal grundlegende Veränderungen vorgenommen werden.

Dann sind nach der Pareto-Kurve nur 20% der Zeit verstrichen, aber das Ergebnis ist schon zu 80% erreicht. Sehr ärgerlich wäre es für beide Seiten, wenn Sie erst kurz vor der Abgabe der delegierten Aufgabe nachfragen. Dann sind bereits 90% des Ziels erreicht. Wenn nun noch etwas Grundlegendes geändert werden muss, dann haben Sie viel Aufwand umsonst geleistet. Zur Erinnerung:

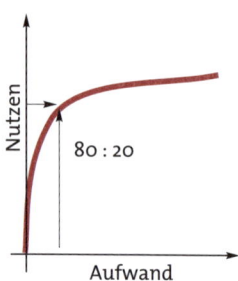

Um Ihre Delegationsfreudigkeit zu fördern und um zu durchdenken, welche Aufgaben von Ihren bisherigen Tätigkeiten sinnvoll delegiert wurden, können Sie die folgende Aufgabe bearbeiten.

→ Aufgabe: Delegationsfreudigkeit prüfen – reisefertig?

Stellen Sie sich vor, dass Sie eine Reise gewonnen haben. Sie können in der nächsten Woche für einen Monat hinfliegen, wo Sie wollen und Ihr Unternehmen wird Ihnen diesen Urlaub genehmigen.

Bitte notieren Sie:

- → *Welche von den anstehenden Aufgaben können wegfallen?*
- → *Welche Dinge kann ich an wen delegieren?*
- → *Wer vertritt mich bei Kundenanfragen/Anfragen der Geschäftsführung?*

> → *Welche Aufgaben muss ich bis dahin unbedingt selbst ausführen?*
> → *Welche Arbeiten kann ich auf die Tage nach dem Urlaub verschieben?*
>
> _____
> _____
> _____

Vielen Menschen ist es unangenehm zu delegieren oder sie haben sogar richtig Angst davor, weil ...
→ kein anderer die Aufgabe so gut erledigen kann wie sie selbst.
→ sie die Aufgabe viel schneller erledigen können (und dieses dann auch in Zukunft immer machen anstatt jemanden anzulernen).
→ niemand sonst mit dieser Tätigkeit vertraut sein soll und sie als Experte glänzen wollen.
→ die Aufgabe so unangenehm sein könnte, dass sie als Held das gern selbst übernehmen.
→ sie freiwillig Aufgaben anderer erledigen, weil diese Ihnen Spaß machen.
→ auffallen könnte, dass andere viel schneller oder besser die Tätigkeit ausführen können.

> ### → Aufgabe: Fehlentwicklungen aufräumen
>
> *Finden Sie sich in einem oder mehreren der obigen Punkte wieder? Welche Schlüsse ziehen Sie daraus? Nutzen Sie die Ansatzpunkte, um Ihre Arbeitsweise generell zu verbessern, d.h. zielführender zu machen. Notieren Sie, was Sie verändern möchten:*
>
> _____
> _____
> _____

> „Ich arbeite nach dem Prinzip, dass man niemals etwas tun soll,
> was ein anderer für einen erledigen kann."
> John Davison Rockefeller

3.5 N = Nachkontrolle

Eine Nachkontrolle sollten Sie nach jeder Teilaufgabe bzw. nach jedem Stundenblock einplanen. Auf diese Weise stellen Sie schnell fest, welche Aufgaben länger als vorausgesehen dauern und welche Konsequenzen das für die weitere Bearbeitung hat. Durch diese andauernde Qualitätskontrolle sind Sie außerdem in der Lage, rechtzeitig reagieren und informieren zu können.

Angenommen, eine Teilaufgabe hat 10% länger gedauert als von Ihnen geschätzt, dann überprüfen Sie, ob Sie den wirklichen Zeitbedarf oder das Tagesgeschäft unterschätzt haben. Eventuell war die Aufgabe neu und deshalb nicht gut planbar, oder das Tagesgeschäft war zur Bearbeitungszeit umfangreicher als vorhergesehen. Was müssen Sie also bei den folgenden Teilaufgaben beachten? Muss eine Information erfolgen, dass die gesamte Aufgabe 10% länger dauern wird? Müssen Sie sich aus dem Tagesgeschäft zurückziehen, um die Aufgabe noch rechtzeitig erledigen zu können? Oder war dieser Teil des Tages eine Ausnahme und Sie sehen, dass Sie die Zeitverzögerung wieder aufholen können?

Jeden Abend nutzen Sie außerdem fünf Minuten, um Ihren kompletten Tag zu reflektieren. Sie stellen fest, was Sie geschafft haben und planen Unerledigtes mit Ihrem Kalender neu. Sie überlegen, warum Sie Aufgaben nicht geschafft haben und ziehen entsprechende Konsequenzen für die folgenden Arbeitstage (z.B. Zeitfresser beseitigen, Störungen minimieren, Ablage verschlanken etc.). Durch diese tägliche Kontrolle können Sie Verbesserungen für die Zukunft herausfinden und Ihre Erfolge als Motivation für die weitere Arbeit nutzen.

Prüfen Sie abends außerdem, ob sich der Anteil vom Tagesgeschäft erhöht hat. War der vergangene Tag eventuell eine Ausnahme in Bezug auf den Anteil des Tagesgeschäftes?
Oder Sie stellen fest, dass der unplanbare Teil im Laufe der Zeit immer mehr zugenommen hat und Sie Ihre Pufferzeit zukünftig erhöhen müssen.

Selbst wenn Sie kaum die geplanten Aufgaben geschafft haben, könnten Sie zufrieden gehen, falls die Rahmenbedingungen die Ursache dafür war – Sie haben Ihr Bestes gegeben.

Bei dieser Nachkontrolle ist auch ein Blick auf die nächsten Tage und Ihre Aufgabenliste sinnvoll. Nehmen Sie sich ebenfalls fünf Minuten Zeit, um die „großen Steine" des nächsten Arbeitstages zu planen und einen Überblick über die folgenden Tage zu gewinnen. Auf diese Weise starten Sie morgens zu Ihrer besten Zeit immer von der „Pole-Position" anstatt in der „Box"!

Neben dieser Tagesplanung sollten Sie an einem Wochentag (am besten jeden Freitag) die nächste Woche sichten. Überprüfen Sie, welche Veränderungen Sie vornehmen müssen und wer darüber informiert werden muss.

Arbeitspraxis: Feierabend vorbereiten
Bevor Sie am Ende eines Arbeitstages nach Hause gehen, investieren Sie wenige Minuten in die Verbesserung Ihres Arbeitsverhaltens:

- Gehen Sie Ihre „Aufgabenliste" durch und überprüfen Sie die offenen Positionen auf ihre Priorität und Relevanz für den kommenden Arbeitstag.
- Was genau wollen Sie morgen an Ihrem Arbeitsverhalten verändern/verbessern? Was fällt Ihnen auf, wenn Sie den heutigen Tag reflektieren? Waren die Prioritäten richtig gesetzt? Verändert sich der Anteil des Tagesgeschäftes im Verhältnis zur planbaren Zeit? Wo haben Sie sich ablenken lassen?
- Gewöhnen Sie sich daran, alles durchzugehen, was sich auf Ihrem Schreibtisch im Laufe des Arbeitstages angesammelt hat, und nicht in der Ablage sortiert ist – die Zeit hierfür sparen Sie dadurch schnell wieder ein.
- Unterlagen, die Sie nicht mehr benötigen, sollten Sie archivieren oder wegwerfen – eventuell den zweiten Papierkorb nutzen.
- Planen Sie den nächsten Tag schon jetzt, damit sich Ihr Unterbewusstsein über Nacht darauf einstellen kann.
- Was haben Sie aufgeschoben? Machen Sie das morgen früh als Erstes!

→ Aufgabe: Regelmäßige Reflexion – nach dem Spiel ist vor dem Spiel

Wenn Sie Ihre eigenen Arbeiten und die Planung der letzten Tage einmal reflektieren:

1. Machen Sie regelmäßig Pausen? Planen Sie diese bewusst ein?

_____
_____
_____

2. Wieviel Prozent Ihres Tages können Sie planen und wie viel „Tagesgeschäft" haben Sie benötigt?

_____
_____
_____

3. Woran sehen Sie, dass Sie eine Aufgabe unterbrechen können oder wann diese voraussichtlich fertiggestellt wird?

_____
_____
_____

4. Zu welchen Zeiten kommen die häufigsten Störungen?

_____
_____
_____

5. War die Reihenfolge der Arbeiten bei der Erledigung sinnvoll?

_____
_____
_____

Arbeitspraxis: Reflektieren und abschalten

Sie haben keine Zeit für regelmäßige Reflexion? Sie kennen aber doch bestimmt diesen Effekt: Auf dem Weg zur Arbeit oder auf dem Heimweg schweifen Ihre Gedanken ab und landen oft genug auch bei Ihrer Arbeit.

Sie nehmen sich vor, diese Gedanken später am Arbeitsplatz zu notieren oder sich am nächsten Tag daran zu erinnern. Systematisieren Sie dieses „Gedanken schweifen lassen"; nutzen Sie es für die regelmäßige Reflexion. Arbeiten Sie dabei systematisch und effizient, indem Sie Ihre Überlegungen sofort festhalten.

Wenn Sie mit dem Pkw unterwegs sind, nehmen Sie ein Diktiergerät mit. Sprechen Sie Ihre Gedanken unmittelbar laut aus und ins Diktiergerät hinein. Am Arbeitsplatz können Sie die Aufnahme dann sofort auswerten, indem Sie sie verschriftlichen und weiterbearbeiten. Wenn Sie ein Handy mit Diktierfunktion haben, nutzen Sie natürlich dieses (aber bitte im Auto unbedingt über die Freisprechfunktion!).

Wenn Sie den Arbeitsweg mit der Bahn zurücklegen, dann nehmen Sie ein Notizbuch zum Aufschreiben Ihrer Gedanken mit, wie im Abschnitt 3.1 bereits zum Notieren von Aufgaben empfohlen wurde.

Beide Medien können Sie außerdem hervorragend dazu nutzen, um aktiv abzuschalten. Auf diese Weise gewinnen Sie Abstand von Ihrem Arbeitsplatz, können das Abschalten aktiv beschleunigen und sich so besser auf Ihren Feierabend einlassen.

„Der Mensch sagt: Die Zeit vergeht!
Die Zeit sagt: Der Mensch vergeht!"
Neapolitanisches Sprichwort

Checkliste: Fertig für die ALPEN?

Überprüfen Sie kurz, ob Sie für den Weg gewappnet sind:

- ✓ Überprüfen und vergegenwärtigen Sie sich am Abend vorher die Planung für den nächsten Tag.
- ✓ Erwägen Sie am Ende eines jeden Arbeitstages, was zeitlich/inhaltlich gekürzt werden kann.
- ✓ Analysieren Sie Ihre Zeitdiebe und handeln Sie dann nach dem Pareto-Prinzip.
- ✓ Setzen Sie Prioritäten bei jeder einzelnen Teilaufgabe.
- ✓ Überprüfen Sie nach jeder Stunde, ob Sie noch auf dem richtigen Weg sind oder ob Sie umplanen müssen.
- ✓ Behalten Sie die Zeit im Auge: Prüfen Sie nach jeder erledigten Aufgabe, ob Sie im Zeitplan liegen und wo Sie sich verbessern können.
- ✓ Ändern Sie öfter die Arbeitsplatzhaltung und machen Sie aktive Pausen.
- ✓ Rufen Sie sich die Zielsetzung vor jeder großen Aufgabe wieder ins Gedächtnis.
- ✓ Fördern Sie Ihre Konzentration durch die Minimierung oder Verschiebung von Störungen.
- ✓ Gönnen Sie sich nach jeder kompletten Aufgabenerledigung eine Belohnung (5-Minuten-Pause, Kaffee, Schokolade, ...).
- ✓ Diagnostizieren und bekämpfen Sie Ihre „Aufschieberitis".
- ✓ Nehmen Sie jeden Vorgang zu Anfang nur einmal in die Hand und schreiben Sie die Aufgabe dann auf oder legen den Vorgang ab.
- ✓ Prüfen Sie, welche Aufgaben Sie noch delegieren könnten.
- ✓ Planen Sie freitags die übernächste Woche konkreter.

4 Die „Aufschieberitis"

> **Lernziele**
> → Sie können bewusst entscheiden, welche Aufgaben Sie wann aufschieben.
> → Sie lernen, Ihre „Aufschieberitis" in den Griff zu bekommen.

„Morgen, morgen, nur nicht heute, sagen alle faulen Leute."
Der Volksmund beschreibt „Aufschieberitis" treffend, irrt aber damit, dass „Aufschieber" faul sind. Viele Aufschieber arbeiten nämlich sogar erstaunlich effizient und auf vielen Feldern gleichzeitig – nur nicht an der Aufgabe, die eigentlich gerade dran wäre.
Aufschieben ist zum Beispiel sinnvoll, wenn eine Aufgabe die Priorität B bekommt. Sie wird dann bewusst – geplant – auf später verschoben. Das ist der einzige Unterschied zum ungünstigen „Aufschieben": Sie wird geplant und im Kalender notiert. Es kann also eine Aufgabe zugunsten einer kurzfristig aufgetretenen, höher priorisierten Tätigkeit aufgeschoben werden. Oder Sie sind gerade emotional und geistig nicht in der Lage, diese Aufgabe zu erledigen und planen sie deshalb später ein. In einigen Fällen ist es hilfreich, durch das Vorziehen einer anderen Aufgabe den folgenden Ablauf zu erleichtern. Ferner kann dem Fehlen von Informationen und Vorarbeiten von Kollegen oft nur mit dem Aufschieben begegnet werden – eine Beschäftigung mit der Aufgabe würde kein Ergebnis bringen.
Aufschieber schieben vor allem das Anfangen auf. Nehmen Sie sich deshalb nur fünf Minuten für die Arbeit an der aufgeschobenen Aufgabe vor. Ich wette, dass Sie danach so tief in der Arbeit sind, dass Sie es für sinnvoll und motivierend halten, weiterzumachen.

→ **Ja, es gibt ein Mittel gegen das Aufschieben. Jedoch muss diese „Arznei" individuell hergestellt und angewendet werden.**

Arbeitspraxis: „Medizin" bei Aufschieberitis

Was hilft?

→ Dinge morgens als Erste machen (früher aufstehen, früher am Arbeitsplatz sein)

→ Im Mittagstief fällt es besonders schwer, sich zu konzentrieren – dann fällt das Aufschieben leicht. Wer das weiß, kann sich bewusst überwinden – oder in diese Zeit planmäßig nur C-Aufgaben legen (siehe Kalenderplanung in Kapitel 3).

→ Vor dem nächsten Kaffee, vor der nächsten Zigarette, vor der nächsten Ablenkung ... hier gilt das Gleiche wie zum Mittagstief.

Was motiviert und befördert?

→ Stellen Sie sich vor Ihrem inneren Auge vor, wie es ist, die Aufgabe endlich erledigt zu haben. Überlegen Sie sich, was Sie danach als Belohnung Schönes machen. Das Durchstreichen/Löschen auf der Aufgabenliste ist nach langer Zeit ein befreiender Akt.

→ Koppeln Sie die aufgeschobene Arbeit gezielt mit einer Belohnung oder mit motivierenden Aufgaben: Erst die Kröte schlucken, dann ...

→ Erzählen Sie vielen Kollegen von der Aufgabe, die von der Aufschieberitis betroffen ist. Dann steigt die Wahrscheinlichkeit der Bearbeitung, weil Sie sich beobachtet und sozial kontrolliert fühlen. Aber Achtung: Bei vielen chronischen Aufschiebern hilft das auch nicht mehr! (Ist der Ruf erst ruiniert, lebt es sich ganz ungeniert.)

Welche Hindernisse kann es geben?

→ Wenn innere, unbewusste Widerstände und Ängste bestehen, dann helfen keine bloßen Instrumente eines guten Selbstmanagements.

→ Sie haben zu wenige Informationen oder Fähigkeiten für die Bewältigung der aufgeschobenen Aufgabe. Es ist wichtig, dies zunächst zu erkennen. Die nächste Frage ist, ob es sich abstellen lässt oder ob eine Lösung außerhalb dessen liegt, was sich mit dem Zeit- oder Selbstmanagement erreichen lässt.

→ Nach der Erledigung folgen weitere Aufgaben und das ist nicht motivierend. Auch hier stoßen wir an die Grenzen des Zeit- und Selbstmanagements.

→ **Versuchen Sie, eine Woche lang keine Aufschieberitis zuzulassen.**

Wenn Sie das fünf Tage am Stück schaffen, dann ist es wahrscheinlich, dass Sie es auch zwei Wochen schaffen, und ab dann ist dieses Verhalten zur neuen Gewohnheit geworden.

→ Aufgabe: Aufschieberitis

Bitte fertigen Sie eine Liste von Aufgaben an, die Sie gerne oder oft aufschieben. Notieren Sie dann zu jeder einzelnen Aufgabe mögliche Gründe und überlegen Sie sich entsprechend der oben genannten Hinweise jeweils Handlungsalternativen. Nutzen Sie zum Aufschreiben ein extra Blatt, wenn Ihnen der Platz unten nicht ausreicht..

_____
_____
_____
_____
_____

„Verschiebe nicht auf morgen, was auch bis übermorgen Zeit hat."
Mark Twain

5 Zeitfresser und Zeitdiebe

Lernziele
- → Sie analysieren, welche Aufgaben, Menschen und Verhaltensweisen Ihre Zeit stehlen.
- → Sie finden Möglichkeiten, „zeitsparender" zu arbeiten.

5.1 Analyse und Lösungsideen

In unserem Arbeitsalltag begegnen uns oft Zeitfresser, Zeitfallen und Zeitdiebe. Es gibt etliche Aufgaben, die viel länger dauern als geplant, und die dadurch teilweise wahre Zeitfresser sind. Menschen, die uns die Zeit stehlen, weil sie uns mit Nachgeordnetem oder völlig Unwichtigem aufhalten und beschäftigen, sind Zeitdiebe. Oft stehen wir uns aber mit unseren eigenen Gewohnheiten auch selbst im Weg, wir tappen in Zeitfallen und verschwenden so viel Zeit.

Oft zählen hierzu:
- → mangelnde Gesprächsvorbereitung und fehlende Agenda in Besprechungen
- → spontane und damit nicht durchdachte und vorbereitete Anfragen von Kollegen
- → Gespräche und Telefonate dauern länger als notwendig
- → immer über alles informiert sein wollen
- → fehlende Zielsetzung und damit unklare Vorgehensweise
- → fehlende Übersicht über die eigenen Aufgaben
- → mangelnde Koordination
- → lesen von (zu) langen Unterlagen zum Herausfiltern von Wichtigem
- → suchen von Dateien und Unterlagen durch eine schlechte Ablageorganisation
- → Perfektionismus (siehe Pareto-Prinzip)
- → fehlende Delegation und mangelhafte Kontrolle delegierter Aufgaben
- → nicht Nein-Sagen-Können
- → mangelnde Motivation

Es gibt also viele Möglichkeiten, Zeit zu verschwenden, ohne auch nur einen Schritt vorwärts zu kommen.

Zeitdiebe, Zeitfresser ...	Mögliche Alternativen
Telefonate sind oft unnötig lang	Gezielte Gesprächsvorbereitung, erst das Geschäftliche und hinterher den Smalltalk.
Besprechungen dauern zu lange	Unzufriedenheit ansprechen, Moderator bestimmen, die Agenda mit maximalen Zeiten pro TOP gestalten, Bedeutung der Besprechung neu bewerten.
Eigener Perfektionismus	Verhältnis von Kosten zu Nutzen abwägen, versuchen, schneller als beim letzten Mal fertig zu werden.
Häufiges Suchen von Unterlagen auf dem Schreibtisch	Ablage neu organisieren (zweiter Papierkorb), Ablage nach Thema oder Aufgaben strukturieren.
Zu viel auf einmal machen wollen	Prioritäten setzen, Tagesplanung mit A-, B- und C-Blöcken einhalten.
Aufgaben nur unter Termindruck erledigen	Ziel der Aufgaben klar formulieren, Pufferzeiten einplanen, Belohnung für rechtzeitige Erledigung vorsehen.
Kommunikation von Informationen ist unzureichend, häufige Missverständnisse	Klare Anweisungen geben, klare Ziele formulieren, W-Fragen stellen und beantworten, regelmäßige Kommunikationszeiten festlegen.

→ **Aufgabe: „Haltet den Dieb!"**

Bitte nehmen Sie sich ein Blatt und sammeln Sie auf der linken Seite Aufgaben, Personen oder Angewohnheiten, die unnötig lange dauern oder Zeit stehlen. Wenn Ihnen während des Schreibens Lösungsmöglichkeiten einfallen, notieren Sie diese sofort auf der rechten Seite. Ansonsten sammeln Sie erst einmal alles, was Ihnen dazu einfällt.

Danach markieren Sie die zehn zeitraubendsten Dinge. Jetzt suchen Sie für diese „Top Ten" in der Mitte der Tabelle die wahrscheinlichen Ursachen für das Auftreten und Zulassen dieser Energiediebe. Im nächsten Schritt nehmen Sie sich dann zur Beseitigung nur die Punkte vor, bei denen Sie entweder selbst den größten Einfluss haben oder die größte Zeit- bzw. Ärger-Ersparnis sehen. Eventuell geht es nur darum, im Team andere Vereinbarungen zu treffen, die richtigen Zeiten zu wählen, bestimmt „nein" zu sagen etc.

(Nutzen Sie als Anregung die auf Seite 85 genannten Möglichkeiten.)

Welche Aufgaben, Personen, Angewohnheiten stehlen Ihnen Ihre Zeit?	Mögliche Ursachen:	Wie könnte die Lösung aussehen?
1. ...		
...		
10. ...		

Zur Unterstützung sollten Sie sich folgende Leitfragen stellen:

→ *Warum ist der genannte Punkt in Ihren Augen ein Zeitvernichter?*
→ *Was genau halten Sie daran für überflüssig?*
→ *Warum lassen Sie sich darauf immer wieder ein? Steckt eventuell eine Belohnung dahinter?*
→ *Welche Nachteile hat Ihre Abwehr für andere Personen?*
→ *Welche Konsequenzen ergeben sich für Sie selbst?*
→ *Wie können Sie Ihre Planung verändern, um möglichst viele Zeitdiebe zu vermeiden?*

> „Es gibt Diebe, die von den Gesetzen nicht bestraft werden und doch dem Menschen das Kostbarste stehlen: die Zeit!"
>
> Napoleon Bonaparte

Arbeitspraxis: Rationelles Telefonieren

In vielen Fällen können Sie den Zeitpunkt eines Anrufs nicht selbst bestimmen. Auf diese Weise sind Sie auf die folgenden Inhalte weder vorbereitet noch können Sie das Gespräch sinnvoll steuern. Nicht vorbereitete Telefonate gehören bei vielen meiner Seminarteilnehmer zu den größten Zeitdieben. Versuchen Sie deshalb, wenigstens im Verlauf das Telefonat zu strukturieren, um eine zeitsparende Abwicklung zu erreichen.

→ Klären Sie als Erstes das Ziel des Anrufes und besprechen Sie, ob Sie das Telefonat sinnvollerweise zu einem anderen Zeitpunkt durchführen sollten.
→ Schlagen Sie vor, dass Sie zurückrufen, nachdem Sie sich die Unterlagen bereitgelegt haben; so verliert auch der Gesprächspartner keine Zeit.
→ Nutzen Sie die zwei letzten Spalten der unten vorgestellten Telefonnotiz.

Die 3-geteilte Telefonnotiz

Wenn Sie Telefonate bewusst planen können, dann legen Sie ein DIN-A4-Blatt quer vor sich und unterteilen es in drei Spalten – nach folgendem Muster:

Vor dem Gespräch	Währenddessen	Nach dem Gespräch
Wann will ich wen anrufen? Mein Gesprächsziel ist? Welche Unterlagen – benötige ich? – benötigt mein Partner? Die Themen werden sein? Mögliche Einwände/ Widerstände? Welche Kompromisse oder Zugeständnisse kann ich machen?	Aktiv zuhören und nachfragen. Kurz fassen und zwischendurch zusammenfassen. Notizen machen. Die Fünfer-Regel einhalten: Nicht länger als ca. fünf Sätze am Stück sprechen und nach fünf Gesprächspunkten eine kurze Zusammenfassung zur Klärung abgeben.	Was habe ich erreicht? Was ist zu veranlassen? – Was? – Wer? – Bis wann? Was kann ich beim nächsten Telefonat verbessern?

5.2 Zehn Möglichkeiten „nein" zu sagen

Aber ich kann doch nicht „nein" sagen"! Dafür werde ich doch bezahlt! Das ist eine häufige Aussage, die man zum „Nein"-Sagen zu hören bekommt.

Aber Sie dürfen „nein" sagen und Sie sollten es tun, wenn
→ Sie eine unzumutbare Aufgabe bekommen, die einen Eingriff in die psychische oder körperliche Unversehrtheit bedeutet. Andauernde Mehrarbeit gehört meines Erachtens auch dazu!
→ Sie entgegen Ihrer Glaubensvorstellungen handeln sollen.
→ Sie merken, dass Sie nur unangenehme und unliebsame Aufgaben der Kollegen bekommen.
→ Sie noch nicht alle Informationen für eine Entscheidungsfindung haben; bei verbessertem Informationsstand können Sie Ihr Nein immer noch revidieren.
→ Sie meinen, eine andere Person wäre besser für die Aufgabe geeignet, weil Ihnen Fachwissen und Fähigkeiten fehlen.
→ Sie emotional beeinträchtigt sind; Sie sich über die Anfrage ärgern. (Schlafen Sie eine Nacht drüber.)

Lassen Sie sich keine Schuldgefühle einreden, wenn Sie „nein" sagen. Entschuldigen und rechtfertigen Sie sich nicht dafür. Überhören Sie Schmeicheleien und Provokationen in diesem Zusammenhang.

Bitten Sie ruhig um Bedenkzeit, wenn eine Aufgabe an Sie herangetragen wird. Sie müssen nicht auf der Stelle „ja" oder „nein" sagen. Sagen Sie ruhig: „Ich muss darüber einen Moment nachdenken."

Wenn Sie sich dann aber entschieden haben, „nein" zu sagen, gibt es zehn Abstufungen, je nachdem, zu wem Sie es sagen, oder was Sie für sich als glaubhaft halten.

	Zehn Abstufungen des „Nein"-Sagens	
1	Nein, weil … Nein, ich mache gerade etwas für … Das mache ich aus Prinzip nicht.	= mit Begründung
2	Nein, aber dafür mache ich/biete ich Ihnen an …	= Alternative anbieten
3	Dieses Mal noch, aber beim nächsten Mal nicht mehr.	= Ankündigung des Nein
4	Hat diese Entscheidung noch Zeit? Kann ich mir das nochmal überlegen?	= Nein aufschieben
5	Was würden Sie jetzt tun, wenn ich Nein sage?	= Konsequenzen erfragen
6	Ich kann das nur machen, wenn…	= Bedingung setzen
7	Das tut mir leid für Sie! Das kenne ich!	= indirekte Anfrage überhören
8	Das geht gerade nicht, kommen Sie später wieder.	= befristetes Nein
9	Hm … – Nein !!!	= vorher überlegen
10	Mache ich gerne, aber dann muss ich …	= „Ja, aber …" statt „Nein"

„Wer mehr arbeitet als er kann, ist ein Narr – kein Held."
Erhard Dietl

Arbeitspraxis: Das „Nein"-Sagen trainieren

Reservieren Sie sich einen Tag in der Woche als „Nein-Sage-Tag"!

Eventuell schreiben Sie sich bei den ersten Terminen ein „N" als dezenten Hinweis in Ihren Kalender.

Nehmen Sie am besten immer denselben Wochentag als Serientermin, dann wird es Ihnen schneller zur Gewohnheit.

Ihr erster Impuls an diesen Tagen sollte es sein, die an Sie herangetragenen Aufgaben abzulehnen:

→ Hinterfragen Sie die Arbeiten.
→ Versuchen Sie, die Bearbeitung zu verschieben oder auf andere zu delegieren.
→ Sagen Sie wie oben beschrieben „nein".

Natürlich geht es nicht darum, an diesem Tag grundsätzlich Arbeiten abzulehnen, sondern darum, dass Sie an diesem einen Tag damit beginnen etwas einzuüben, was zu einem durchgängigen Verhalten werden sollte: nämlich Ihre Prioritätensetzung und das Hinterfragen von Aufgaben.

Selbst wenn Sie an diesem Tag nicht ein einziges Mal „nein" sagen, wird es Ihre Reflexion unterstützen und Ihren aktiven Umgang mit dem Wort „nein" fördern.

Auf diese Weise wird es Ihnen in allen erforderlichen Situationen leichter über die Lippen gehen.

> *„Die Kunst, Zeit zu haben,*
> *ist auch die Kunst, sich die Leute vom Leibe zu halten,*
> *die uns die Zeit stehlen."*
>
> Emil Oesch

6 Vorsätze, Wünsche und erreichbare Ziele

Lernziele
- Sie entwickeln aus Ihren eigenen Wünschen konkrete Ziele.
- Sie planen neben dem Arbeitstag auch Ihr Privatleben.
- Sie erkennen den Zusammenhang und die Wechselwirkung von privaten und beruflichen Zielen.

Als Vorbereitung für die folgende Zielformulierung oder wenn Ihnen die im nächsten Kapitel folgende Zielbeschreibung und -klärung zu umfangreich oder schwierig erscheint, können Sie mit einer „Guten-Vorsätze-Liste" und einer „Wunschliste" starten.

Notieren Sie auf der einen Liste, was Sie an sich verändern möchten. (Vorsätze) Auf die andere Liste schreiben Sie Ihre beruflichen und privaten Wünsche.

Ihr Unterbewusstsein wird sich auch ohne Ihr Zutun damit auseinandersetzen und Ihre alltägliche Prioritätensetzung beeinflussen.

Als Unterstützung sollen die folgenden Fragen dienen:

Was wünschen Sie sich im Privatleben?
- Was wollen Sie in Ihrer Familie ändern?
- Was bedeutet Ihnen Ihr Freundeskreis?
- Welcher Bereich kommt bisher zu kurz?
- Wo möchten Sie mehr investieren?

Was wünschen Sie sich im Beruf?
- Sind Sie mit Ihrem Aufgabenbereich zufrieden?
- Wollen Sie sich evtl. beruflich verändern oder aufsteigen?
- Welche Tätigkeiten möchten Sie ausbauen?

Was wünschen Sie sich persönlich?
- Neue Hobbys?
- Mehr Zeit für sich?
- Etwas Neues hinzulernen?
- Wovon träumen Sie?
- Was verschieben Sie gedanklich auf die Zeit des Ruhestandes?

Im nächsten Schritt können Sie jetzt Ihre Wünsche in konkrete Ziele umsetzen.

> *„Wer das Ziel nicht kennt, der kann den Weg nicht finden!"*
> Chinesische Weisheit

6.1 Smarte Ziele formulieren

Ziele sind Antreiber jeglichen Handelns; sie sind Motivatoren, die den Leistungsgrad unserer Aktivitäten bestimmen. Je realistischer, klarer und eindeutiger die Ziele formuliert sind, desto größer ist deshalb auch die Wahrscheinlichkeit, das oder die gesteckten Ziele zu erreichen.

Gerade, wenn Sie in einem Team arbeiten, ist es wichtig, dass alle dasselbe Ziel vor Augen haben, damit gemeinsam in diese Richtung gearbeitet wird. Ansonsten kann es sein, dass jeder in Gedanken ein anderes Ziel verfolgt, und Sie deshalb weder einen gemeinsamen Ablauf noch ein von allen unterstütztes Ergebnis bekommen.

Für die meisten Tätigkeiten ist eine Zielvorgabe auch deshalb wichtig, weil Sie auf diese Weise die Bearbeitungsmöglichkeiten vorgeben oder zumindest einschränken.

Eine Untersuchung von Mihály Csíkszentmihályi ergab, dass ca. 15 % der von ihm befragten Menschen behaupteten, glücklich zu sein. Natürlich gaben die Interviewten unterschiedlichste Gründe hierfür an. Eine Gemeinsamkeit hatten sie aber alle: Sie hatten ein oder mehrere Ziele vor Augen. Ihrer Aussage nach gaben diese Ziele ihrem Leben einen Sinn und halfen ihnen, mit den alltäglichen Schwierigkeiten positiver umzugehen.

Klare Ziele haben also auch einen Einfluss auf unser Wohlbefinden.

→ **Zieldefinition: „Das Ziel besteht anfänglich aus einer Idee, einer Vision, die den zukünftigen Zustand kennzeichnet. Es beschreibt ein Ergebnis, welches zu erreichen wünschenswert, lohnend oder notwendig ist."**

Die folgenden sieben W-Fragen helfen Ihnen bei der Formulierung Ihres Ziels und klären auch für die weiteren Beteiligten die Rahmenbedingungen (zeitliche und monetäre Vorgaben, Vorstellungen der Geschäftsführung und Kunden etc. und die Anforderungen an das Ergebnis:

Wer soll das Ziel erreichen?

Wie viel soll erreicht werden?

Wie wird die Zielerreichung gemessen?

Was soll erreicht werden?

Wann soll das Ziel erreicht sein?

Wo soll das Ziel erreicht werden?

Warum soll das Ziel erreicht werden?

Sie müssen Ihr Ziel aber nicht in einen einzigen fertigen Satz pressen. Mehrere Sätze oder auch Spiegelstriche reichen aus. Hauptsache, Sie überprüfen hinterher, ob Ihr Ziel SMART ist, bzw. was Ihrem Ziel dafür noch fehlt. (Ein Tipp am Rande: Diese sieben W-Fragen sollte man im Kopf haben. Um sie sich zu merken, lohnt es, eine Technik aus dem Gedächtnistraining heranzuziehen. Vielleicht hilft Ihnen auch schon eine einfache Eselsbrücke – ich singe im Kopf das „Sesamstraßenlied" mit: wer, wie, was, wieso, weshalb, warum ... Das sind zwar nicht die identischen Fragewörter, aber es hilft mir, diese zu rekapitulieren.)

> *„Wer im Leben kein Ziel hat, der verläuft sich."*
> Abraham Lincoln

Mit der SMART-Formel konkretisieren Sie am Schluss Ihre Ziele wie folgt:

SMART-Ziele	
Spezifisch	Am besten werden Ziele schriftlich ausformuliert, damit Sie jedes Ziel bei Ihrer Arbeit immer vor Augen haben. Außerdem müssen Sie dann Zieländerungen bewusst vornehmen und können nicht gedanklich hin- und herspringen. Wie ist der Sollzustand?
Messbar	Wie erkennen Sie, dass das Ziel erreicht wurde? Wie messen Sie, ob Sie auf dem richtigen Weg sind, oder sich vielleicht vom Ziel entfernen? Wenn Sie das Ziel nicht in handfesten Werten (Qualität in %, Zeit, Krankheitstage, Kundenzufriedenheit, Liefertreue etc.) messen können, dann vielleicht in gefühlten Werten (Verbesserung von 10% der Umfragen in positiver Richtung, Kollegen/Mitarbeiter fühlen sich besser informiert, sind zufriedener etc.)
Aktiv	Als Gegensatz zum passiven Abwarten, dass etwas passiert. Liegt die Zielerreichung in Ihrem Handlungsspielraum? Welche Schnittstellen müssen berücksichtigt werden?
Realistisch	Kann das Ziel positiv realistisch betrachtet überhaupt erreicht werden? Welche Rahmenbedingungen müssen Sie dafür schaffen/bekommen? Wenn das Ziel zu hoch gesteckt ist, demotiviert es nur, und die Betroffenen denken: „Wenn ich es eh nicht erreichen kann, warum soll ich mich dann anstrengen?!"
Terminiert	Bis wann wollen Sie das Ziel erreicht haben? Wann gibt es Zwischenziele, Etappen oder Meilensteine auf dem Weg dahin?

Beispiele	
nicht ...	**sondern ...**
„Ich will meine Arbeit besser planen."	„Ich werde jeden Morgen bei Arbeitsbeginn 5 bis 10 Minuten Zeit aufwenden, um einen schriftlichen Tagesplan zu formulieren."
„Ich werde mehr delegieren."	„Die Arbeit A wird künftig von Herrn B erledigt, die Arbeit C gebe ich an Frau D ab, und werde nur noch notwendige Erledigungskontrollen durchführen."
„Ich möchte ein erfolgreicher Einkäufer werden."	„Ich werde bei der Materialbeschaffung im Bereich X bis zum Juni diesen Jahres 5% einsparen."

Bitte achten Sie bei der Zielformulierung auf:
→ die individuelle Bedeutung
→ die Betonung der Gegenwart; tun Sie so, als ob das Ziel schon erreicht bzw. unabwendbar ist
→ eine große Genauigkeit
→ eine positive Formulierung
→ den Verzicht von Ausnahmen und Einschränkungen

Es gibt Berater und Autoren, die zur Betonung der Gegenwart die Anforderung stellen, dass die Ziele in der grammatischen Form der Gegenwart formuliert werden (im obigen dritten Beispiel zum Einkauf also „Im Juni diesen Jahres werden bei der Materialbeschaffung im Bereich X von mir 5 % eingespart").

Formulieren Sie doch einmal für Ihr nächstes Ziel ein Minimalziel (muss auf jeden Fall erreicht werden, um den bisherigen Status zu halten, es gibt deshalb auch keine Lorbeeren zu verteilen), ein Positivziel (dieses Ziel soll angestrebt werden, und ist mit positiven Folgen für die Beteiligten versehen) und ein Maximalziel (wenn alles positiv läuft, wird es so aussehen, und sich für die Erreicher auch maximal positiv auswirken).

Auf diese Weise gewinnen und motivieren Sie vielleicht auch die Skeptiker und negativ Denkenden für Ihr Ziel, weil es aufgrund der unterschiedlichen Erfüllungsgrade mehr Möglichkeiten für unterschiedliche Denkstrukturen und Personentypen ermöglicht. Der sehr Ehrgeizige hat dann dasselbe Ziel wie der „Komfortable" – nur in unterschiedlichen Ausprägungen. Auf diese Weise verhindern Sie außerdem, dass Sie zu viel Zeit mit der Diskussion über das Ziel verlieren.

6.2 „Salami-Taktik" bei großen Zielen anwenden

Breit anerkannte Empfehlung ist, umfangreiche Ziele in kleinere Teilziele zu gliedern. Den umgangssprachlichen Begriff „Salami-Taktik" kennt fast jeder. Eine Salami isst man nicht am Stück und analog „schneidet" man auch umfangreiche Ziele in kleine Teilziele und kann diese dann (besser) Stück für Stück umsetzen. Aus der Motivationspsychologie lässt sich ableiten, dass es hilfreich ist, nach jedem Teilziel eine kleine Belohnung als Motivationsanreiz einzuplanen. Dies ist der Weg, um stückweise auch großen Zielen durch einfachere, kleinere Schritte näherzukommen.

In der Regel sind die umfassendsten Ziele, die beim Zeitmanagement geplant werden, die Jahresziele – deren Herunterbrechen in Teilziele orientiert sich meist an der zeitlichen Untergliederung, z.B. in Quartals-, Monats-, Wochen- und Tagesziele. Aber Ihr Motiv, sich mit Zeitmanagement zu befassen, liegt vielleicht nicht oder nicht nur in der Optimierung Ihrer Leistungsfähigkeit, sondern Sie streben auch eine gute „Work-Life-Balance" an. Diese fußt auf einer grundsätzlichen Lebensplanung, die Berufs- und Privatleben in Einklang bringt.

> **→ Aufgabe: Jahresziele formulieren**
>
> *Für eine bewusst angestrebte Work-Life-Balance ist es sinnvoll, sich mindestens einmal im Jahr Gedanken über seine nächsten Jahresziele zu machen. Viele Menschen machen das um Silvester herum „gedanklich" sowieso. Wenn Sie bisher keine Jahresziele geplant oder dabei Ihre Work-Life-Balance nicht berücksichtigt haben, holen Sie dies nun nach.*
>
> *Machen Sie sich (in einer Einzelarbeitsphase im Seminar oder in der Nachbereitung bei passender Gelegenheit, z.B. am nächsten Feiertag/Brückentag) Notizen zu den folgenden Fragen:*

> → *Was ist mir in den letzten drei Jahren gelungen (beruflich und privat)?*
> → *Was ist mir in den letzten drei Jahren misslungen (beruflich und privat)?*
> → *Was habe ich daraus gelernt? Welche Konsequenzen ziehe ich daraus?*
> → *Welche Ziele möchte ich für das kommende Jahr formulieren?*

Jeder weiß, dass es passieren kann, dass man auch sehr gut formulierte und geplante Ziele nie erreicht. Dieser Realität zum Trotz werden natürlich überall aus guten Gründen Pläne ausgearbeitet. Bei der persönlichen Zeitplanung aber zögern viele und halten sie vielleicht nicht für sinnvoll planbar. Doch wenn Sie keine Ziele und damit keinen Plan für Ihre Zukunft entwickeln, wie wollen Sie dann wissen wo Sie ankommen? Dass Planung auch im persönlichen Bereich sinnvoll, ja zwingend ist, soll an einem kleinen Beispiel verdeutlicht werden.

Ein Bahnfahrplan und Ihre Ziele

Die Bahn hat einen minutengenauen Fahrplan entwickelt. Dort können Sie sehr SMART erkennen, wann Sie wo sein müssen um irgendwohin fahren zu können. Sie können ermitteln, welche Strecke wie lange dauert und wann Sie wo umsteigen müssen. Aber kommt die Bahn immer pünktlich? Sind Sie immer pünktlich am Bahnhof? Erreichen Sie immer Ihre Anschlusszüge? Wahrscheinlich nicht.
Aber Sie können am Bahnhof oder im Zug anhand des Plans einen anderen Weg neu planen. Sie können Ihre Wege neu wählen, an anderen Orten umsteigen und sehen außerdem, um wie viel Zeit Sie sich verspäten, bzw. wen Sie informieren müssen, oder ob Sie sich von einigen Vorhaben verabschieden müssen.
So können Sie auch mit Ihren Lebenszielen verfahren.
Was passiert aber, wenn Sie wegen der möglichen Nichteinhaltungen und Planabweichungen vorschlagen, erst gar keinen Plan zu veröffentlichen?
Fragen Sie sich: Was bedeutet das für Sie persönlich? Wie können Sie dies auf Ihre Planung übertragen?

> *„Je genauer man plant, desto härter trifft einen der Zufall."*
> Zitat eines Seminarteilnehmers

6.3 Die 3-Schritte-Regel

Der häufigste Fehler bei der Zielplanung besteht in einer ungenauen und nicht konkreten Formulierung gewünschter Ziele, weshalb der Weg zu diesen Zielen auch nicht gefunden werden kann.

Prüfen Sie mithilfe der 3-Schritte-Frage, ob ein Ziel für Sie wirklich relevant ist – und vor allem, ob eine Umsetzung jetzt und heute wirklich realistisch ist.

→ **Die 3-Schritte-Frage lautet: Wie müssten die ersten drei konkreten Schritte aussehen, um diese Absicht in die Tat umzusetzen?**

Und zwar in Kombination mit folgender Faustregel: Der erste Schritt sollte innerhalb von acht Stunden, die anderen zwei Schritte innerhalb von 72 Stunden umgesetzt werden.

Wenn Sie die ersten drei Schritte festlegen können und die Umsetzung realistisch erscheint, dann: Tun Sie's. Und zwar sofort. Nach dem dritten Schritt planen Sie die nächsten drei kleinen Schritte. Wenn Ihre Absicht diese Prüfung jedoch nicht übersteht, dann streichen Sie diese. Vielleicht ist die Sache für Sie einfach nicht – oder zumindest jetzt noch nicht – relevant genug.

→ **Werfen Sie auf diese Weise demotivierenden Ballast ab und konzentrieren Sie sich auf die Dinge, die Sie wirklich ändern können.**

→ Aufgabe: 3-Schritte-Regel ausprobieren

Probieren Sie es aus. Nehmen Sie sich jede Woche zwei Stunden Zeit, um an einem langfristigen persönlichen Ziel zu arbeiten. Bei 168 Stunden, die eine Woche insgesamt hat, sollte Ihnen ein Einsatz von ungefähr einem Prozent der gesamten wöchentlichen Zeit gelingen.

Ihr ausgewähltes Ziel:

_____

Ihre ersten drei Schritte:

1. _____
2. _____
3. _____

6.4 Zielkonfliktmatrix

In vielen Fällen werden Sie nicht nur ein Ziel verfolgen können oder wollen. Der betriebliche Zielerreichungsprozess verlangt vielmehr, dass Sie mehrere unterschiedliche Ziele von verschiedenen Ebenen und Abteilungen parallel verfolgen. Dies gilt vor allem in Matrixorganisationen und wenn Sie an den Schnittstellen mehrerer Interessengruppen oder Projektteams arbeiten.

Die folgende Zielkonfliktmatrix hilft Ihnen, die Ziele entsprechend der Auswirkungen auf andere Ziele einzuordnen. Auf diese Weise können Sie schon früh erkennen, welche Ziele Sie nur schwierig parallel erreichen können und welche Sie bevorzugt verfolgen sollten, weil sich Synergien ergeben.

Bitte achten Sie besonders darauf, dass Sie diese Ziele SMART formulieren.

Beispiel

	Mehr Freizeit	Schneller beruflicher Aufstieg	Beliebtheit bei den Kollegen	Mehr Gehalt im nächsten Jahr	Aufgaben termintreu erledigen
Mehr Freizeit		O	O	?	?
Schneller beruflicher Aufstieg	–		– –	+ +	+
Beliebtheit bei den Kollegen	O	O		?	+
Mehr Gehalt im nächsten Jahr	O	O	–		O
Aufgaben termintreu erledigen	O	+ +	+ +	+ +	

- Wenn sich bei der parallelen Zielverfolgung zwei Ziele positiv beeinflussen, markiert man diesen Schnittpunkt mit einem +.
- Falls sich zwei Ziele gegenseitig stark unterstützen, trägt man + + ein.
- Wenn sich die Ziele ohne Auswirkung parallel verfolgen und erreichen lassen, wird o vergeben.
- Sobald sich die Ziele nicht gemeinsam erreichen lassen, wird – notiert und bei entgegengesetzten oder sich behindernden Zielen dann – –.
- Für Ziele, bei denen man sich im Zusammenhang nicht sicher ist, notiert man ein ? Es hilft oft, mit jemandem darüber zu sprechen, der bei der Entscheidung helfen kann.

In dem Beispiel wirkt sich also die Zielverfolgung „Aufgaben termintreu erledigen" sehr positiv auf das Ziel „Mehr Gehalt im nächsten Jahr" aus. Umgekehrt aber ist der Einfluss von „Mehr Gehalt im nächsten Jahr" auf das Ziel „Aufgaben termintreu erledigen" mit o bewertet worden, weil hier davon ausgegangen wird, dass es keine Beeinflussung geben wird.

Wenn Sie diese Matrix für sich nutzen und sie für sich mit Ihren Zielen ausgefüllt haben, überlegen Sie außerdem, wer von Ihrem Ziel etwas wissen muss und wer negativ davon betroffen sein wird, damit Sie diese Personen rechtzeitig involvieren können.

> ### → Aufgabe: Zielkonflikte erkennen
>
> *Formulieren Sie Ihr nächstes berufliches Ziel und überprüfen Sie, wie sie es SMART machen können.*
>
> *Wenn Sie diese Aufgabe im Seminar bearbeiten, ein arbeitsmethodischer Tipp: Wenn jeder zunächst individuell an seinen Zielen arbeitet, können Sie danach die Ziele (z.B. auf einem Flipchart) präsentieren, in der Gruppe diskutieren, ob die SMART-Kriterien erfüllt sind und gemeinsam verbesserte Formulierungen entwickeln.*
>
> *Ordnen Sie anschließend Ihre beruflichen und privaten Ziele in die Zielkonfliktmatrix ein.*

Die Blankomatrix ist schnell abgezeichnet oder in Excel angelegt (die Anzahl der bearbeiteteten Ziele hängt dabei von Ihnen ab).

Für die Auswertung:

Bevorzugen Sie die Verfolgung von Zielen, die sich positiv auf Ihre anderen Ziele auswirken. Oder vergeben Sie eine Rangreihenfolge und überprüfen Sie, welche Auswirkungen Ihr wichtigstes Ziel auf die anderen Ziele hat. Dann das zweitwichtigste Ziel, ...
Auf diese Weise sehen Sie auch, von welchen Zielen Sie sich eventuell trennen müssen, weil diese kontraproduktiv wirken.

7 Work-Life-Balance – neben der Arbeit auch das Leben (ein)planen

> **Lernziele**
> - Sie reflektieren, dass Work-Life-Balance nicht nur der privaten Erfüllung, sondern auch der beruflichen Leistung dient.
> - Sie erfahren erste einfache, aber wirkungsvolle Maßnahmen für eine Balance.
> - Sie treffen eine bewusste Entscheidung für (oder auch gegen) ein ganzheitliches Zeitmanagement.

Im Kapitel 6 wurde herausgestellt: Work-Life-Balance erfordert den bewussten Abgleich der privaten und beruflichen Ziele. Die wörtliche Übersetzung ins Deutsche als „Arbeits-Lebens-Gleichgewicht" trifft den Zusammenhang meines Erachtens genau. Die richtige Balance zwischen Arbeits-Zeit und Frei-Zeit zu finden ist wichtig, weil dadurch nicht nur die Motivation und Konzentration des Einzelnen steigt, vielmehr zeigen viele Studien, dass eine „Überarbeitung" auch dem Arbeitgeber nichts nützt.

Die Auswirkungen fehlender Work-Life-Balance sind:
- viele Fehltage
- Burn-out-Erkrankungen
- schlechtes Betriebsklima
- Begünstigung von Mobbing

Die ersten Schritte für gelingende Work-Life-Balance sind einfache Dinge: Notieren Sie auch private Termine in Ihrem beruflichen Kalender. Natürlich sollten Sie diese als „privat" kennzeichnen, damit die Kollegen bei eventuell gemeinsamem Zugriff auf diesen Kalender nur sehen, dass ein Termin eingetragen ist, nicht aber, was dort im Kalender steht. Die Zeiträume werden dann nur schraffiert als „belegt" gekennzeichnet. Auf diese Weise stehen Sie im Laufe des Tages unter positivem Zeitdruck, weil Sie ja auch Ihre privaten Termine wahrnehmen möchten. Falls nun eine Aufgabe unbedingt noch erledigt werden muss, werden Sie sich gut überlegen, welche Auswirkungen das Weiterarbeiten und die entsprechenden Überstunden auf Ihr Privatleben haben werden.

Bei einem wöchentlich regelmäßigen Termin kommt Ihnen neben Ihrer eigenen Gewohnheit auch noch die Akzeptanz Ihrer Kollegen entgegen: „Mittwochs ist er immer um Punkt Vier beim Sport".

Work-Life-Balance-Praxis: Lieber „Clark Kent" als „Supermann" sein - oder: weniger kann mehr sein

Tragen Sie auch die „Supermann-Ausstattung" unter Ihrer normalen Kleidung? Retten Sie auch jeden Tag das Unternehmen? Wer aber rettet Sie vor sich selbst oder der Arbeit?

Nehmen Sie sich doch jeden Tag etwas Privates mit Ihrer persönlichen Priorität A vor und tragen einen Hinweis darauf in Ihren Kalender ein. Oft genügt schon eine halbe Stunde täglich, um sich ausgeglichener zu fühlen. Die Erfahrung vieler Seminarteilnehmer zeigt, dass die Qualität der Zeitnutzung viel entscheidender ist als die Zeitdauer. Etliche Studien bestätigen dieses Phänomen.

Also: Planen Sie lieber wenig Zeit mit einer Tätigkeit, auf die Sie sich sehr freuen und die Ihnen viel bedeutet. Der Effekt ist größer, als wenn Sie viel Zeit für Dinge, die „auch nett" sind, nutzen.

→ Aufgabe: Fazit ziehen

Ziehen Sie für sich ein Fazit dazu, was Ihnen Ihre Work-Life-Balance bedeutet und was Sie verbessern möchten (bitte ausführlicher, am besten auf einem extra Blatt).

_____

_____

„Liebst du das Leben? - Dann verschwende nicht die Zeit!
Denn Zeit ist der Stoff, aus dem das Leben gemacht ist!"
Benjamin Franklin

→ **Aufgabe: Persönliche Zielfindung**

Stellen Sie sich vor, heute ist Ihr letzter Arbeitstag bevor Sie „in Rente gehen". Sie reflektieren Ihr bisheriges Leben und haben zu diesem Abschied vom Berufsleben Menschen eingeladen, die Ihnen etwas bedeuten.

→ *Welche Ziele haben Sie in Ihrem Berufsleben erreicht?*
_____
_____

→ *Welche Personen sind an diesem Tag anwesend und was sagen sie in ihren Reden über Sie als Vorgesetzten, Kollegen, Mitarbeiter,...?*
_____
_____

→ *Was sagt Ihre Familie über Sie?*
_____
_____

→ *Was sagen Sie selbst in Ihrer Abschiedsrede über Ihren Beruf, das Verhältnis von Privat- und Arbeitsleben, zu Ihren Erfolgen, Ihrem Werdegang?*
_____
_____

→ *Was antworten Sie den Personen, die Sie fragen:*
  „Und, was machen Sie jetzt, wo Sie so viel Zeit haben, was sind Ihre nächsten Ziele?"
_____
_____

Diese Leitfragen sollen Sie bei der Findung Ihrer großen Ziele und eventuell sogar Lebensziele unterstützen.

Können Sie ein Ihnen wichtiges Ziel jetzt SMART formulieren?

Dann bitte:
_____
_____
_____

Im nächsten Schritt unterteilen Sie dieses große Ziel bitte in Teilziele. Welches Teilziel müssen Sie in welcher Reihenfolge vor den anderen Teilzielen anstreben?

Für diese Aufgabe werden Sie sicherlich ein bis zwei DIN-A4-Seiten benötigen.

Notieren Sie auf diesen Seiten dann bitte SMART:

- *Ihre Lebensziele: Ziele, die bis zur Rente/bis zum Lebensende erreicht werden sollen*
- *Ihre Lebensphasenziele: Ziele, die Sie zu bestimmten Lebensphasen erreichen wollen (z.B. Karrierestufe, Abschluss einer berufsbegleitenden Weiterbildung, Kinder sind in der Ausbildung,...)*
- *Die kommenden Jahresziele: Was wollen Sie im nächsten und übernächsten Jahr anstreben und wie können Sie diese Vorhaben in einzelne Monatsziele in diesem Jahr einplanen?*

Auch über Ziele wie Zufriedenheit und Gesundheit sollten Sie sich Gedanken machen.

Was genau ist Ihnen dort wichtig und woran messen/merken Sie, dass Sie zufrieden/gesund sind?

_____
_____
_____
_____
_____

> „Darum scheitern wir ja, weil wir alle nur an die Einzelheiten unseres Lebens denken, aber keiner das Leben als Ganzes bedenkt."
> Lucius Annaeus Seneca

Wollen Sie wirklich mehr Zeit für sich?

Wenn Menschen beklagen, wenig Zeit zu haben, erhöhen sie damit vielfach ihren Status. Ihre Position wird als bedeutsam eingeschätzt und man unterstellt ihnen, erfolgreich zu sein.

Wie wäre die Reaktion der Mitmenschen, wenn Sie äußern, dass Sie sich gerne Zeit für die private Aktivität X nehmen, oder Ihre A-Priorität gerne auf das Gespräch mit Kollege Y legen? Wären Sie dann in deren Augen noch „wertvoll"? Wie ist es in Ihrem Unternehmen? Sind dort die Personen mit den meisten Überstunden hoch anerkannt? Oder diejenigen, die ihre Leistung innerhalb der vertraglich vereinbarten Arbeitszeit erbringen?

Oft wehren sich Seminarteilnehmer gegen das ganzheitliche Zeitmanagement – weil Bemühungen um eine ausgeglichene Work-Life-Balance vielerorts (noch) nicht positiv gesehen wird. Auch wer das rational von der Hand weist, ist vielleicht im Unterbewusstsein skeptisch und das wird die Umsetzung der Inhalte dieses „Trainings kompakt" vielleicht boykottieren.

Erst wenn Sie sich über diese Punkte Gedanken machen, helfen Ihnen die hier vorgestellten Methoden wirklich weiter. Sie müssen eine **bewusste Entscheidung** treffen, damit Ihnen die Zeitspartechniken mehr Freiraum ermöglichen.

→ Aufgabe: Vernächlässigte Bereiche erkennnen

Stellen Sie sich vor, es erscheint die Zeitfee und sie schenkt Ihnen eine zusätzliche Stunde pro Tag. Was genau würden Sie wann genau (zu welcher Uhrzeit, an welchen Wochentagen) in dieser Stunde machen? Bitte beschreiben Sie die Tätigkeiten möglichst konkret.

Zum Beispiel jeden Dienstag und Donnerstagabend eine halbe Stunde Schwimmen gehen. Oder jeden Mittwoch eine Stunde mit den Kindern etwas unternehmen. Oder jeden Samstagabend, wenn die Kinder im Bett sind, mit dem Ehepartner in Ruhe reden,....

_____

_____

Mit dieser Aufgabe finden Sie schnell heraus, welche Bereiche in Ihrem Leben zu kurz kommen und mehr Zeit/Priorität benötigen.

8 Transfer in den Alltag

Egal, ob Sie dieses Training begleitend zu einem Seminar nutzen oder individuell durcharbeiten: Damit es Früchte tragen kann, müssen Sie nun den Transfer in den Alltag gezielt und systematisch vornehmen. Beantworten Sie – am besten schriftlich – die folgenden Fragen. Ihre Antworten sind Ihr Fahrplan.

→ **Fahrplan in die berufliche (Alltags-)Praxis**

1. Was waren für Sie persönlich die wichtigsten Punkte?
   _____
   _____

2. Welche Inhalte wollen Sie umsetzen?
   _____
   _____

3. Womit fangen Sie morgen ganz konkret an?
   _____
   _____

4. Was könnte Sie dazu bringen, in Ihre alten Gewohnheiten zurückzukehren?
   _____
   _____

5. Wie werden Sie das verhindern?
   _____
   _____

6. Woran werden Ihre Mitmenschen sehen, dass Sie dieses Buch gelesen haben?
   _____
   _____

7. Welche Konsequenzen hat Ihr „neues" Verhalten für Ihre Umwelt?
   _____
   _____

8. Was müssen Sie Ihrer Führungskraft, ihren Kollegen / Mitarbeitern sagen oder zeigen, damit diese aktiv an den geplanten Veränderungen mitwirken können?

_____

_____

→ Aufgabe: Blick zurück

Antizipieren Sie, wie die Umsetzung vonstatten gehen wird und mit welchen Problemen Sie rechnen. Stellen Sie sich dazu vor, dass sie heute vor einem Jahr dieses Buch gelesen hätten. Überlegen Sie, was Sie umgesetzt haben, wo es Hindernisse gab, und wie genau Sie diese erfolgreich überwunden haben.

Welche Personen konnten Sie auf welche Art überzeugen und wie hat sich Ihr Verhalten auf Ihr berufliches und privates Umfeld ausgewirkt?

_____

_____

_____

_____

(Statt) Nachwort

> *„Erfolg hat drei Buchstaben:*
> **TUN"**
> Johann Wolfgang von Goethe

Stichwortverzeichnis

A
A-Aufgaben 62
ABC-Analyse 26
Ablagefach 28
Abschalten 79
Alltagspraxis, berufliche 107
ALPEN-Methode 42
A-Priorität 27
Arbeiten, hochkonzentriertes 50
Arbeiten, schriftlich 45
Arbeitsblöcke 70
Arbeitsverhaltens, Verbesserung des 12
Aufgaben, Reihenfolge der 36
Aufgabenbearbeitung 47
Aufgabengliederung 63
Aufgabenliste 43
Aufgabenpaket 51
Aufgabenzeit 54
Aufgabenzettel 49
Aufschieberitis 81

B
Bahnfahrplan 97
B-Aufgaben 62
Bearbeitungsreihenfolge, zeitliche 25
Berufliche Alltagspraxis 107
Bewusste Entscheidung 106

Blick zurück 108
Bore-Out-Syndrom 36
B-Priorität 27
Burn-Out-Syndrom 36

C
C-Aufgaben 69
C-Aufgaben delegieren 70
C-Aufgaben minimieren 69
C-Priorität 27

D
Dateneingabestift 45
Delegations-Checkliste 72
Delegationsfreudigkeit 74
Digital arbeiten 45
Drei-geteilte Telefonnotiz 87
Drei-Schritte-Regel 98

E
Eigenstörung 58
Eisenhower 26
E-Mail-Bearbeitung 37
E-Mail-Posteingang 39
Entscheidung, bewusste 106
Erholungspause 52

Ermüdungskurve 50
Erstmal-Stapel 28
EXCEL-Tabelle 62, 73

F
Farbige Zettel 44
Fazit ziehen 103
Fehlentwicklungen aufräumen 75
Feierabend vorbereiten 77
Feuerwehreinsätze 27, 55
Flüssigkeitsmangel 35
Fragen stellen 73

G
Ganzheitliches Zeitmanagement 11
Gefühl 39
Generationen von Zeitmanagement 12

H
Handschriftlich arbeiten 45
Hebelwirkung 24
Hochkonzentriertes Arbeiten 50
Höchste Leistungsfähigkeit 35

I
Individuelle Störkurve 61

J
Jahresziele 96

K
Kalenderführung 68
Kalenderplanung 66
Kleine Pausen 52
Kleinkram 23, 70
Kontrolle 12
Konzentration 35

L
Leistungsfähigkeit 56
 höchste 35
 psychische 35
Leistungskurve 33
 persönliche 33
 tägliche 33
Lösungsideen 84

M
Maximalziel 95
Minimalziel 95
Minipause 52
Monatsziele 105
Multitaskingfähig 60
Multitasking-Verhalten 60

N
Nachkontrolle 76
Nein sagen 88
Notizbuch 44

P
Papierkorb 28
Papierkorb, zweiter 28
Pareto-Analyse 26
Pareto-Prinzip 21
Pausen einhalten 52
Pausen, kleine 52
Perfektionismus 22, 84
Persönliche Leistungskurve 33
Persönliche Zielfindung 104
Planung von Aufgaben 12
Positiver Zeitdruck 102
Positivziel 95
P-Priorität 28
Prinzipienorientiertes Zeitmanagement 12
Priorisieren mit W-Fragen 46
Prioritäten beim Arbeitstag 30
Prioritätenmanagement 20
Prioritätensetzung 12
Privatleben 91
Psychische Leistungsfähigkeit 35
Pufferzeiten 53, 55

R
Randzeiten 23
Rationelles Telefonieren 87
Reflektieren 79
Reflexion, regelmäßige 78
Regelmäßige Reflexion 78
Reihenfolge der Aufgaben 36
Routinetätigkeiten 48

S
Sägeblatt-Effekt 56
Salami-Taktik 96
Schriftlich Arbeiten 45
Selbstmanagement 20
Situationsanalyse 13
SMART-Formel 94
Spracherkennungsprogramme 45
Störkurve, individuelle 61
Störung 56, 59
Strategisches Zeitmanagement 11
Stressniveau 35
Stundentakt 51

T
Tagesablauf 32
Tagesgeschäft 53
Tagesplanung 77
Tägliche Leistungskurve 33
Telefonieren, rationelles 87
Telefonnotiz, dreigeteilte 87
To-do-Listen 12
Transfer in den Alltag 107

U
Unterbrechung 56
Untergliederung, zeitliche 96

V
Verbesserung des Arbeitsverhaltens 12
Vernachlässigte Bereiche erkennen 106
Vorsätze 91

W
W-Fragen, Priorisieren mit 46
Wochenplanung 77
Work-Life-Balance 96, 102
Wünsche 91
Wunschliste 91

Z
Zeit verschwenden 15, 84
Zeitblöcke 59
Zeitdiebe 84
Zeitdruck, positiver 102
Zeitfallen 84
Zeitfresser 84
Zeitgefühl 15
Zeitliche Bearbeitungsreihenfolge 25
Zeitliche Untergliederung 96
Zeitmanagement, ganzheitliches 11
Zeitmanagement, Generationen von 12
Zeitmanagement, prinzipienorientiertes 12
Zeitmanagement, strategisches 11
Zeitspartechniken 11
Zettel, farbige 44
Zieldefinition 92
Ziele 91
Zielfindung, persönliche 104
Zielformulierung 91, 95
Zielkonflikte erkennen 100
Zielkonfliktmatrix 99
Zweiter Papierkorb 28

Der Coach für Sie
Berufliche Themen kompakt

Training kompakt wendet sich an Sie, wenn Sie zu einem grundlegenden Trainingsthema den schnellen Überblick suchen – alles Wesentliche ist drin, aber eben kompakt. Natürlich trainingsmäßig aufbereitet – mit Lernzielen, (Fall-)Beispielen für den Praxistransfer und Übungen.

Coach-Auswahl im Personalmanagement
ISBN 978-3-589-24241-2

Erfolgreiche Teamarbeit und Teamleitung
ISBN 978-3-589-23999-3

Kommunikation im Job
ISBN 978-3-589-23992-4

Kreativitätstechniken
ISBN 978-3-589-23986-3

Kundenakquise für Selbstständige und Freiberufler
ISBN 978-3-589-23988-7

Marketing umsetzen – der Marketing-Mix
ISBN 978-3-589-23985-6

Marketing-Grundlagen
ISBN 978-3-589-23989-4

Mitarbeiter-Coaching für Führungskräfte
ISBN 978-3-589-23998-6

Mitarbeiterführung
ISBN 978-3-589-23997-9

NLP im Beruf anwenden
ISBN 978-3-589-23996-2

Personalmanagement
ISBN 978-3-589-23993-1

Professionelle Telefonakquise
ISBN 978-3-589-23987-0

Projektmanagement – Methoden und Tools
ISBN 978-3-589-23932-0

Prozessmanagement
ISBN 978-3-589-24002-9

Rhetorik – professionelle Redefertigkeit
ISBN 978-3-589-23933-7

Strategien und Methoden zur Kundenbindung
ISBN 978-3-589-23990-0

Trainingseinkauf im Personalmanagement
ISBN 978-3-589-24039-5

Verhandlungstechniken
ISBN 978-3-589-23991-7

Wirkungsvolles Konfliktmanagement
ISBN 978-3-589-24001-2

Zeitmanagement
ISBN 978-3-589-24243-6

Weitere Informationen zum Programm erhalten Sie im Buchhandel oder im Internet unter **www.cornelsen.de/berufskompetenz**

Cornelsen Verlag
14328 Berlin
www.cornelsen.de